图解
大数据分析

図解即戦力ビッグデータ分析のシステムと
開発がこれ1冊でしっかりわかる教科書

[日] 渡部徹太郎　著

戴凤智　张鸿涛　芦鹏　译

U0140734

化学工业出版社
·北京·

ZUKAI SOKUSENRYOKU BIG DATA BUNSEKI NO SYSTEM TO KAIHATSU GA
KORE 1SATSU DE SHIKKARI WAKARU KYOKASHO
by Tetsutaro Watanabe
Copyright © 2019 Tetsutaro Watanabe
All rights reserved.
Original Japanese edition published by Gijutsu-Hyoron Co., Ltd., Tokyo
This Simplified Chinese language edition published by arrangement with
Gijutsu-Hyoron Co., Ltd., Tokyo in care of Tuttle-Mori Agency, Inc., Tokyo
through Beijing Kareka Consultation Center, Beijing.

北京市版权局著作权合同登记号：01-2023-2507

图书在版编目（CIP）数据

图解大数据分析/（日）渡部徹太郎著；戴凤智，张鸿涛，芦鹏
译. —北京：化学工业出版社，2023.7
　ISBN 978-7-122-43194-3

　Ⅰ.①图…　Ⅱ.①渡…②戴…③张…④芦…　Ⅲ.①数据处理-
图解　Ⅳ.①TP274-64

中国国家版本馆CIP数据核字（2023）第053576号

责任编辑：宋　辉　于成成　　　　　　　　文字编辑：李亚楠　陈小滔
责任校对：李雨函　　　　　　　　　　　　装帧设计：王晓宇

出版发行：化学工业出版社（北京市东城区青年湖南街13号　邮政编码100011）
印　　装：中煤（北京）印务有限公司
710mm×1000mm　1/16　印张14¼　字数205千字　2023年7月北京第1版第1次印刷

购书咨询：010-64518888　　　　　　　　售后服务：010-64518899
网　　址：http://www.cip.com.cn
凡购买本书，如有缺损质量问题，本社销售中心负责调换。

定　　价：68.00元　　　　　　　　　　　　　　　版权所有　违者必究

译者的话

党的第二十次全国代表大会上提出"实施科教兴国战略、强化现代化建设人才支撑"，指出要"开辟发展新领域新赛道，不断塑造发展新动能新优势"，并且要"加强基础学科、新兴学科、交叉学科建设，加快建设中国特色、世界一流的大学和优势学科"。

大数据是现在非常热门的领域，大数据分析也是发展最快的技术之一。它的快速发展得力于数据采集、收集与整理、分析处理、保存和运用手段与技术的不断进步。我们引进翻译的这本书是从工程技术的角度讲述开发大数据分析系统的方方面面。

书中图文并茂，提供的插图可以形象地展现文字描述的内容，书中也没有数学公式，因此开拓了一个对任何背景、任何年龄的读者都能接受并且津津乐道的科技领域画面，即使是大数据分析的入门读者也能够看懂。

需要指出的是，因为这是一本引进翻译的图书，书中提供的有些软件和产品的链接网址可能无法登录。读者可直接到开发这些软件或产品的网页去查询或查阅这些软件和产品的更新升级信息。

天津科技大学戴凤智的人工智能与机器人团队从2014年起，与化学工业出版社合作，以每年一本书的速度陆续出版了《科学，玩起来：机器人制作轻松入门》《Arduino轻松入门》《机器人设计与制作》《用MATLAB玩转机器人》《四旋翼无人机的制作与飞行》和《Scratch3.0少儿编程从入门到精通》，也引进翻译了《漫画机器学习入门》。这些书已经成为众多初高中和高等学校的教材，用于课堂教学和实验教学。

本书在编写和修改过程中，得到了2021年教育部高等学校电子信息类专业教学指导委员会教改项目（2021-JG-03）、2021年度天津科技大学研究生教育改革创新类（教材建设）项目（2021YJCB02）的支持。

在图书的编写和修改过程中，戴凤智、芦鹏负责第1～4章，张鸿涛负责第5、6章，冯高峰负责第7、8章，同时感谢高一婷、贾芃、王虎诚、李家新、刘竹宁、李芳艳、张普京、程宇辉、张添翼、向宴德、李志扬、杨翼舟等对本书提供的宝贵建议和帮助。

如果您对本书在内容方面有什么疑问，请发邮件到daifz@163.com联系我们。

由于译者水平有限，书中难免存在不足，敬请读者批评指正。

译 者

前 言

◎ 这是一本详细论述大数据分析中关于系统与开发的教科书。

近年来，机器学习由于可以从大量的数据中获取知识而越来越受到关注。但是如果希望实现机器学习，大数据分析是必不可缺的。很多企业将大数据分析应用于提升企业的自身价值，而且成功的案例层出不穷。

然而也有很多时候无法获得好的效果。例如有时实验验证的效果非常好但是系统却无法很好地被实际导入，因此企业并没有获得预期的效益。这里面有很多原因，而主要原因是完成实验验证和实际导入系统并不是同一个概念。

本书着眼于介绍如何为一般的企业导入一个实际的大数据分析系统。具体包括数据的生成和收集、整理与积累，并最终将分析结果应用于企业决策来满足企业的长远规划和增加利润。本书将详细说明如何开发一个包括上述功能的具体的系统。同时，还将阐述在系统开发过程中必不可少的"分布式处理"和"机器学习"等重要概念。除了解释这些技术外，本书也提及了人在开发和使用大数据分析系统中的作用。书中将介绍数据的科学分析师、数据工程师以及数据业务人员都在大数据分析中分别承担了什么工作。

最后，笔者在本书中讲述的是一家网络公司在实际的系统构筑和运营方面的经验，因此本书所介绍的内容最适于网络事业方面的公司加以借鉴。对于其他类型的企业，本书或许针对性有些不足，但我们在进行说明的时候尽量保持了相当的通用性，相信您也能够从中获得借鉴和帮助。

渡部徹太郎

目录 Contents

第3章
分布式处理的基础知识

第4章
机器学习的基础知识

第5章

大数据的收集

第6章

大数据的积累

第7章

大数据的活用

第 **8** 章

元数据的管理

第 1 章

大数据分析概述

　　随着网络和智能手机的普及，各种数据的数量和种类都在不断地增加。有效地将这些数据应用于企业的决策并增加利润，这就是大数据分析。本章阐述大数据分析的核心技术，即分布式处理和机器学习，并在此基础上概要性地介绍大数据分析系统。

1.1 大数据和分布式处理

网络的普及导致了大量数据的增加

随着网络的普及，获得的数据量呈爆发式增加态势。因此，必须利用多台计算机进行分布式处理。

◎ 以前的数据分析方法

数据分析是很久以前就有的，通过分析能够处理我们身边的工作。

从数据中获取知识来进行决策并增加利润，这就是数据分析的工作目的。

■ 一台计算机可以完成少量数据的计算与处理

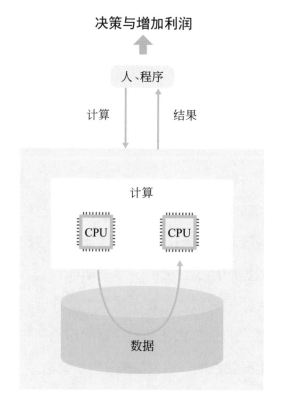

我们举一个例子。公司的负责人使用表处理软件统计各部门的成本，希望在此基础上提出降低成本的方案。这就是数据分析的例子。这类数据通常也就是不到100MB的数据量，普通计算机上的电子表格处理软件就能够完成。

再举一个例子。我们希望根据库存信息调整进货量，同时降低成本，此时也需要数据分析。这些数据可以多达数十吉字节（GB）。即使一台计算机无法完成，通过一台数据库服务器利用SQL（structured query language，结构化查询语言）等编程语言也是可以实现的。

这些用于统计的数据和库存信息等都是企业内部产生的数据，目前为止在一台计算机上基本都是可以处理的。

○ 数据量的增加

如果只是企业内部的数据分析，使用一台计算机就可以了。但是随着网络的普及，不仅是在企业内部，而且从网络上也可以收集数据，因此极大地增加了需要处理的数据量。

一方面，现在很多顾客是通过网络来检索信息并从企业的网站购入商品，因此企业能够获取更多的客户信息。

另一方面，顾客从网站购入商品时需要进行很多操作，因此企业可以获得顾客的非常详细的操作记录。

例如顾客在网站上看了什么广告、在键盘上按了哪些键进行检索、与哪些商品进行了对比、花了多长时间进行商品的选择等，这些信息企业都是可以获得的。除此之外，进行上述这些操作时客户的鼠标动作以及点击画面的位置等信息也都是可以获得的。

众所周知，在没有网络的时代，获得的客户信息只能是买了或者没买某件商品。网络时代与此不同，从网络上获得的客户信息数据又何止增加了千百倍。

因此随着网络的普及，企业可以从各方面获得各种需要的信息。

例如我们可以利用网络提供的开源气象数据来分析气象和商品售出之间的关联性。此外，为了调查自己的客户是否被竞争对手拉过去了，还可以购买外部数据。通过SNS（social network service，社交网络服务）还可以分析自己公司商品的网评信息，因为调查客户对商品的评价对企业来说是非常重要的。

可见，网络的普及导致了数据量的增加。

◉ 分布式处理

由于一台计算机无法完成对大量数据的处理，所以必须要进行分布式处理。

例如，有超过100万的客户在Web网页上用鼠标点击的各种数据信息，如果希望在一台服务器上利用数据库来进行集结，那么因为数据量超过了10TB而可能无法存入到一台服务器中。即使能够存入一台服务器，针对一整天保存下来的数据进行统计的时间也极有可能超过了24小时，这样的话在业务上就没有用处了（因为计算机一天的计算量不能处理一天内保存下来的数据）。其实在一台计算机上无法处理完的数据是可以使用多台计算机去处理的，这就是分布式处理。

分布式处理就是将数据分割并分别存储到多台计算机中，而被分割的这些数据也是用多台计算机去进行计算。如下图所示，为了能够分配多台计算机进行数据处理，需要一个协调器。

协调器是为了让多台计算机协调起来共同完成一个处理过程而编写的程序。在多台计算机进行计算的时候首先要用协调器来进行分配。协调器的作用就是将计算进行分割并转换成可以由多台计算机分别进行处理的形式。每台计算机都计算那些被分配给自己的数据并将结果返回到协调器。协调器再将各部分的计算结果整合后返回到应用程序。

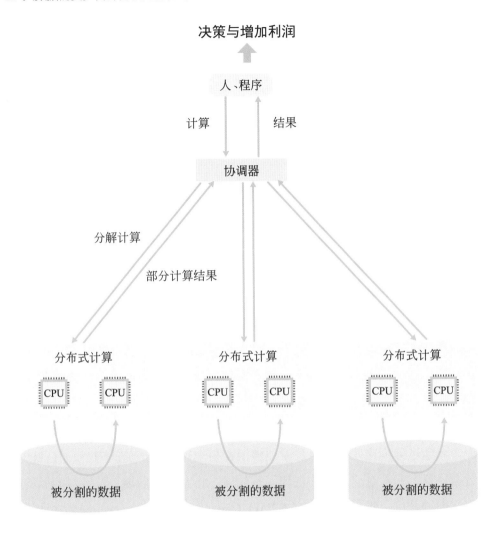

1.2 非结构化数据的增加和机器学习

分析文本、声音、图像等数据

网络和智能手机的普及导致了图像和声音数据的增加。为了分析这些非结构化数据，需要机器学习来处理。

◉ 数据种类的增加

分布式处理可以应对大量数据的操作需求。但是网络的普及不仅增加了数据量，而且数据的种类也增加了。很多增加的种类都是非结构化数据。

我们知道，企业中各部门的成本和库存信息等数据都是以表格的形式存在的，而表格的结构是预先确定好的。这些是结构化数据。但是近年增加的大多是非结构化数据，特别是在商业领域中使用较多的文本、声音、图像等都是非结构化数据。

SNS的网评文章就是文本数据的例子。对于企业而言，网评信息就是客户的声音，通过分析这些数据信息就能够很容易地获得有价值的内容。其他的文本数据还有企业和客户之间的咨询问答数据。将客户的问题以及针对问题的回答内容通过分析、整理后做成文本FAQ（frequently asked questions，常见问题解答）网页，还可以将其作为重要的数据资源应用于聊天机器人或者电话自动应答系统中。

声音数据的使用也是非常令人期待的。近年普及的声音助手就是一个很好的例子。使用声音自动应答系统能够有效地减少企业应答中心的负荷量。

图像数据的例子更是不胜枚举。客户可以在自选市场网站根据各类商品的图像将其进行分类，也可以利用名片管理软件自动识别名片上书写的文字。在工厂的生产线上能够根据产品的图像进行缺陷判定，而在医疗现场可以通过细胞图像来判断疾病。在数据使用中现在应用最多的领域就是图像处理。

因此，数据不仅是指那些通常的表格形式的结构化数据，还包括上述非结构化数据。这些非结构化数据的应用场合越来越多。

○ 非结构化数据处理

非结构化数据是由0和1罗列组成的二进制数据，我们是无法直接理解的。为了能够分析这些数据，必须要预先定义好这些数据的结构并且能够解释清楚。如下图所示，如果是文本，它可以分解为单词，根据一定的语法就可以判断客户的语气是积极还是消极（相当于愿意还是不愿意购买商品），当然还有其他的分析利用情景。如果是声音数据，可以将声音变换成文本后再通过文本分析技术加以利用。如果是图像数据，可以将图中的事物进行分类并确定出各个事物的位置，然后再进行分析与利用。上述这一过程就是将非结构化数据变换成结构化数据后再进行分析与使用。

■ 非结构化数据的处理

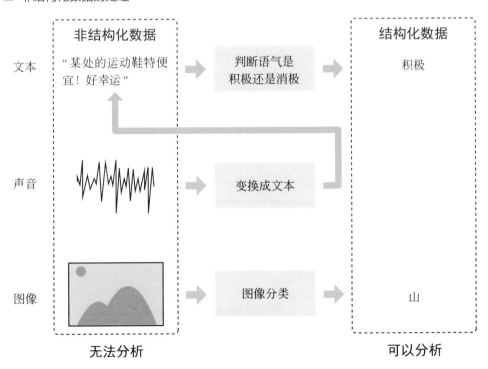

在将非结构化数据变换成结构化数据之后，可以通过直接和间接这两种方法加以利用。例如将声音识别后变换成文字，或者通过生产线上产品的图像识别发现缺陷后报警等就是直接利用的方法。而判断出在SNS上的网评是消极还是积极之后写出分析报告并能够指导商品的开发，就是一个间接利用的典型例子。而判断出消极还是积极，这是企业分析自身经营行为和判断产品好坏的分类标准。

● 机器学习

将非结构化数据变换成结构化数据时，经常用到的是机器学习。

机器学习是指当人在编程解决实际的计算问题中遇到困难时，可以自动地生成程序并解决问题的方法。如下图所示，通常的做法是首先建立程序中的模型，然后将大量的学习用数据通过在程序中进行多次循环处理，最终得到非常接近正确答案的结果。这种被训练出来的模型是预估模型，利用预估模型就可以预测未知的数据。

■ 机器学习的处理过程

模型的建立

利用训练好的预估模型进行预测

将上述的非结构化数据变换成结构化数据时，在处理上将会遇到很多困难。以前还可以通过手工编程来解决问题，但是近年由于能够方便地获得大量的各种非结构化数据，基于机器学习的程序自动生成方法相比于人工编程的方法在性能上要提高很多。

○ 结构化数据的机器学习

现在的机器学习大多被应用于图像识别和声音识别等领域，因此提到机器学习很容易就会想到图像和文本这些非结构化数据。其实在商业领域，针对表格形式的结构化数据的机器学习也有很多。

例如通过某客户的大量操作记录，就可以预测该客户是否将要流失。客户的操作记录是描述客户操作行为的表格形式的数据。操作行为包括很多种，因此操作记录表格可能包括100列（每一列表示一种操作行为）以上。机器学习可以通过操作记录表格以及之前保存的客户流失信息来建立预估模型，利用这个模型就可以预测该客户是否将要流失。

小结

▷ 文本、声音、图像等非结构化数据在增多。

▷ 在分析非结构化数据时需要先变换成结构化数据，可以利用机器学习去处理。

▷ 机器学习不仅可以应用于非结构化数据，还可以应用于结构化数据。

1.3 大数据分析系统
在分布式处理与机器学习驱动下将数据利润化

分布式处理和机器学习都是大数据分析的关键技术。但是只有这些技术还无法搭建成自己的大数据分析系统。有必要先全面了解这一系统，还要知道操作者要做的工作以及使用该系统的操作步骤。

◎ 大数据分析系统的组成

如上所述，分布式处理和机器学习都是大数据分析的关键技术。但是只有这些技术还无法进行大数据分析，进行大数据分析是要通过大数据分析系统来完成的。大数据分析系统的组成如下图所示，对它的说明将贯穿于本书的各章节。

■ 大数据分析系统的组成

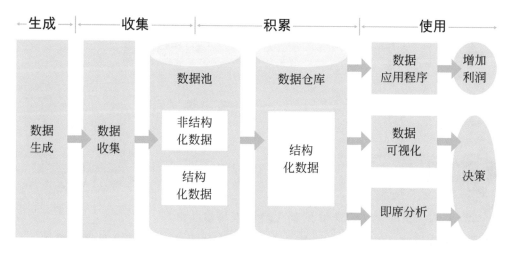

首先是数据的生成。要知道数据不是自然生成的。如果要分析某个网站，那么就要了解这个网站中数据生成的原理。

数据生成之后就是数据的收集。在收集大量数据时是需要分布式处理技术的。而且由于数据每日都在变化，因此需要一个完整的系统去运作。第 5 章将详述数据的收集这部分内容。

被收集的数据将在数据池（参见第2.3节）中保存。此时的非结构化数据和结构化数据是被混在一起的，因此还无法直接使用，还需要进行结构化并整理后放入数据仓库（参见第6.1节）。第6章将详述数据的积累这部分内容。

将存储在数据仓库中的数据活用起来主要有三种方式：用于决策的"即席分析"（ad hoc analysis）和"数据可视化"，以及为了增加利润而开发的"数据应用程序"。第7章将详述数据的活用这部分内容。

由前面的内容可知这是一本介绍如何开发大数据分析系统的书，因此从第2章开始将根据前面的"大数据分析系统的组成"这张图，具体地逐章详细阐述开发实践的每一步。

○ 大数据的三个活用阶段

对于一个大数据分析系统，其实并不是先设计出系统的总体，然后按照设计的内容逐步去完成各个部分的。这个思路在实践中并不可行。实际的步骤应该是：首先开发出一个小的系统，逐步推进并慢慢进化成一个实际可用的系统。这一点在企业的大数据活用阶段是非常重要的。

大数据活用阶段按顺序从初期开始依次是"即席分析""数据可视化""分析自动化""数据应用程序"。

下一节将给出大数据各个活用阶段的详细说明。

■ 企业大数据活用的各个阶段

阶段	名称	企业的状态
1	即席分析	利用 SQL 对数据进行不定期的分析，完成商务设想的验证和决策工作
2	数据可视化	公司内的数据以报告书和展示板等形式进行可视化处理，即使不懂得利用 SQL 编程的公司一般人员也能通过这些数据进行决策
3	分析自动化	将数据的收集到可视化这一揽子的分析工作进行系统化处理，要认识到这是支撑企业成长的一个系统
4	数据应用程序	将数据分析的结果应用于商务营销，使之真正成为降低成本和提高销售额的实用的应用程序软件系统

⊙ 人在大数据分析系统中的作用

前面了解了大数据分析系统的结构，但是也不要忘记人在开发和使用这一系统中的作用。

首先要理解企业中的业务机构和分析机构这两个概念的不同。在大多数企业中是由分析机构来负责大数据分析系统的，而负责处理企业利润增加等问题的则是业务机构。例如需要对网站进行分析，此时的业务机构就包括网站的策划、开发、运营等部门。如果是对网联车（connected car）进行分析，这时的业务机构就是由汽车的制造、销售等部门组成。企业的决策和增加利润等任务是由这些业务机构来负责的，而数据的分析人员则起到支持的作用。

在业务机构中包括单纯阅读这些数据的数据读取者和进行数据分析的数据利用者。数据读取者是指那些各级部门的负责人和销售员等IT知识水平相对较低的非专业人员，他们只要能够看懂报告和图形化后的可视化数据即可。而数据利用者是指负责市场等业务的IT水平较高者，他们需要自行编写SQL程序来分析数据。在数据收集的时候还要与负责各部门的系统协调人员一起完成数据的生成和收集工作。

在分析机构中包括三方面的人员，他们分别负责科学分析、工程技术、数据业务（data business），不妨分别称他们为科学分析员、工程技术员和数据业务员。科学分析员要具有数据统计和机器学习算法方面的知识和实践能力，负责从数据中发现并提取内含的知识和有用的信息。工程技术员负责实现从数据的提取到使用这一全过程的系统化。而数据业务员需要在全面了解机构组织的基础上将数据分析结果应用于增加企业利润这一目的。

充分理解上面这些内容对于在企业中成功使用数据分析是非常必要的，特别是在分析机构中的三个方面的人员更是重要，这也是本章后面将要详细论述的内容。

将上面介绍的在数据分析系统中涉及的6类人员列表介绍如下。

■ 大数据分析系统中涉及的 6 类人员

机构	人员	负责的工作
业务机构	数据读取者	阅读可视化数据
	数据利用者	编写 SQL 程序来分析数据
	各部门的系统协调员	负责原始数据的生成
分析机构	科学分析员	发现隐含在数据中的知识和信息
	工程技术员	将数据分析工作系统化
	数据业务员	通过数据分析达到增加企业利润的目的

■ 与大数据分析系统相关联的各类人员

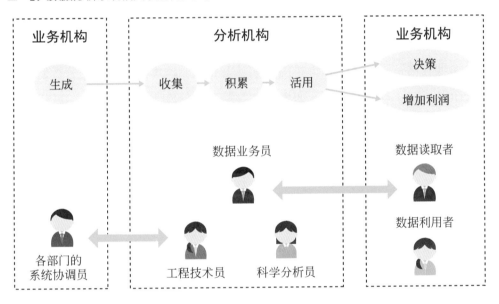

✏ **小结**

▷ 大数据分析系统包括数据的生成、收集、积累、活用。分布式处理和机器学习是关键技术。

▷ 大数据分析要先从小规模开始，随着成果的产生再慢慢推进到系统和机构。

▷ 要明确完成大数据分析工作的业务机构和分析机构的不同，特别要注意到分析机构中三种人员的重要性。

1.4 企业中大数据活用的各个阶段

大数据分析要从一小步开始

那些无法获得大数据的企业是不能开发出适用的数据应用程序系统的，可以尝试从"即席分析"开始逐步进行完善。

● 企业的大数据活用阶段

企业在准备进行大数据分析的时候，首先要明确本企业大数据分析使用到哪个阶段，这一点非常重要。如果是大数据使用程度比较低的企业，就没有必要拿出大笔资金去开发利用机器学习进行数据处理的应用程序。应该是依据业务的规模和目的去实施数据分析的项目，根据实际成果再逐步进行完善。

■ 大数据的各个活用阶段

具体的推进方法应该是首先由少量人员组成一个团队，从获得的数据入手进行即席分析，然后将数据可视化后展现给企业负责人和职员，进而在企业内部培养并形成一种利用数据进行决策的文化。

这样做的目的是让企业负责人能够知道大数据分析对于企业发展的重要性，进而从领导层就全面支持继续利用机器学习等高级数据分析技术开发出确实能够增加企业利润的数据应用程序。

下面就分别讲述企业大数据活用的各个阶段。

○ 即席分析

数据使用的初级阶段就是即席分析（ad hoc analysis）。"ad hoc"是指限定于一个场合，因此"ad hoc analysis"就是指在希望进行数据分析的时候进行数据分析。即席分析是大数据分析活用的第一步，通过它能够使数据利用者加深对数据的理解并成功应用于决策。

下面举例说明。假设我们要从Web网站数据库中保存的购买履历表来分析销售额减少的原因。此时就要通过SQL编程来对数据进行集结。为了实现这个目的，就要搭建保存购买履历的数据库和执行SQL程序的环境。

针对即席分析，如果只是进行简单的数据集结，那么数据业务员就能够胜任。如果需要进行更进一步的详细的统计分析的话，那就需要科学分析员来操作。而业务机构中的高水平IT数据利用者也可以自行编写SQL程序。

■ 即席分析（大数据活用4个阶段中的第1阶段）

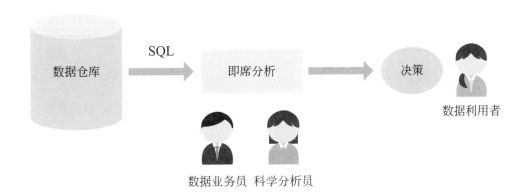

◉ 数据可视化

完成了即席分析之后，接下来就是数据可视化。它的作用是将数据的价值提供给公司内尽可能多的人。在数据可视化基础上，包括业务员在内的公司全体成员都能够看懂这些数据并逐渐养成一种通过大数据分析进行决策的企业文化。

下面举例说明。假设根据 Web 网站上显示的客户人数的变化来进行决策，可以将客户人数的变化情况做成可视化图形并整理成报告书的形式，这样即使是 IT 水平较低并且无法编写 SQL 程序的数据读取者，也能够基于这些可视化数据做出决策。

如果是小规模的数据，一台普通计算机就可以将集结好的数据拷贝到表处理软件后直接绘制成直方图、折线图等图形，并作为电子邮件的附件发给特定人群。但是在处理较大规模的数据时，台式计算机就无法胜任了，而且作为电子邮件的附件时会因为文件太大而无法发送。此时就需要一种 BI 制品（business intelligence products），即商务智能产品（软件）来参与处理。BI 制品就是一种工具软件，可以将数据变成各种类型的可视化图形，而被处理后的可视化数据既能够在网站上公开，也能够通过邮件来传送。当数据读取者希望从不同的角度去观看这些可视化数据时，利用 BI 制品就能够使数据读取者从希望的切入点来观看这些数据，因此即使是不会编写 SQL 程序的业务负责人也能够从各种不同的角度去"观看"数据并据此做出决策。

■ 数据可视化（大数据活用 4 个阶段中的第 2 阶段）

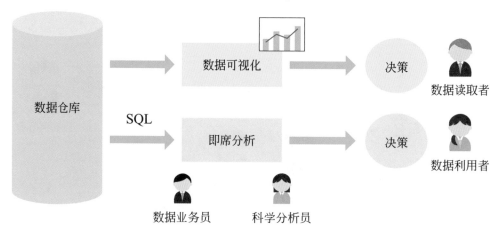

◉ 分析自动化

　　大数据分析过程持续进行着即席分析和数据可视化，如果将每日的这种数据分析状态持续下去，自然就会希望将这一工作自动化。例如每月都自动地将不同客户的购买额进行收集、集结、可视化之后做成报告发送给业务负责人。到目前为止，这种分析工作都是人为操作的，如果能够自动地完成，必将减轻这些工作人员的工作量，可以将空余时间用于其他的分析工作。

　　为了实现这一自动化进程，需要自动地处理数据的收集和集结用SQL程序，也需要自动地更新BI制品的报告。完成这一工作的重要手段就是批处理程序，而控制这一流程的是任务控制器。开发完成的大数据分析系统需要365日连续工作，因此还需要成立一个维护团队应对可能发生的各种故障处理。

　　这些功能的实现是与即席分析和数据可视化不同的，它还需要借助工程技术员的能力。

　　即席分析和数据可视化是一时的工作，利用SQL和BI制品就能够满足基本要求。但是对于每天都要进行的处理工作，就需要从工程技术方面给予保障了。只有借助工程技术方面的支持，才能够保证每天的数据处理的正确性，大大提升企业的分析能力。

■ 分析自动化（大数据活用 4 个阶段中的第 3 阶段）

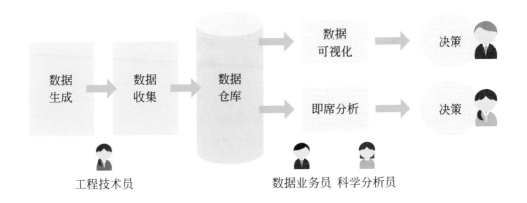

○ 数据应用程序

在完成了分析自动化和保障系统能够安全运转之后，就进入了开发数据应用程序的阶段，最终将利用该应用程序完成增加企业利润的目标。数据应用程序不仅是自动分析SQL，还包括机器学习的自动化以及与业务系统（business system）的联合，因此必须要有工程技术方面的技术支持才能够完成。

此时需要将机器学习彻底地导入系统，因此利用数据池（参见第6.1节）收集非结构化数据，并通过机器学习完成结构化的工作。

■ 数据应用程序（大数据活用 4 个阶段中的第 4 阶段）

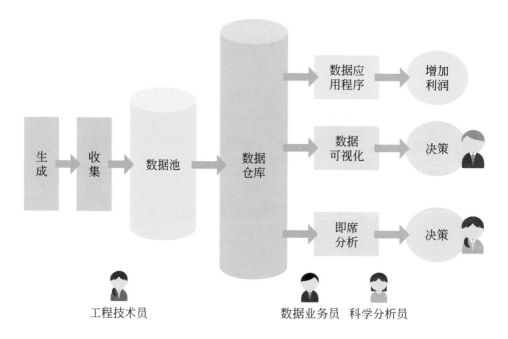

上图所示就是一个网络公司的广告业务利润最大化的实例。广告业务利润最大化是指通过积累客户的操作信息，利用机器学习预测出该客户有可能喜欢的广告产品，这样就可以通过较少的广告费用获得更大的效果，从而达到削减广告费用、增加企业利润的目标。

此外还有用于提升企业内部工作效率的数据应用程序。例如营销负责人需要拓宽市场时，就可以通过机器学习预测到更易于与哪家公司签订合同，这样就能够以较少的业务时间来获得成功，也能够相应地削减人工费用。

　　数据应用程序是通过机器学习的预测来达到增加企业利润的目标，而企业利润的增加将是企业在使用数据分析上的最大成功。

小结

- ▣ 要充分理解企业火数据活用的4个阶段。
- ▣ 即席分析阶段是指不定期地进行数据分析并在此基础上进行决策。
- ▣ 数据可视化阶段的作用是使IT水平较低的公司职员也能够"看"懂数据并做出决策。
- ▣ 分析自动化阶段是指成功完成了从数据的收集到数据可视化的一整套自动化系统。
- ▣ 数据应用程序阶段是指顺利完成并成功运用了这一数据应用程序，它通过机器学习等技术手段达到增加企业利润的目标。

1.5 活用大数据分析时所需的三个角色

数据业务员、科学分析员、工程技术员

企业在推进大数据分析使用的过程中有三个角色是非常重要的，分别是数据业务员、科学分析员和工程技术员。下面通过定向广告这一大数据分析的典型事例来说明这三个角色的重要性。

◉ 大数据分析的典型事例（定向广告）

为了进一步理解这三个角色的重要性，首先了解一下大数据分析的典型案例，即定向广告。

近年来网络广告已经非常普及，极有可能已经超过了电视渠道发布的广告。对企业来说，为了让自己的客户知道并了解自己企业的商品，网络广告越来越重要。

企业发布网络广告大多是通过智能手机或计算机发布给客户。企业希望当用户在搜索引擎网站中输入关键词后就可以弹出自己企业的横幅广告，而对于曾经关注过自己企业网站的用户，企业也会再次推出广告以希望能够得到用户的再次关注。

发布广告当然是需要费用的，因此对所有的用户发布同样的广告是效果最差的。要针对不同用户的性别、年龄、趣味爱好等定向推出使之感兴趣的广告才能用最少的广告费收到最大的效果。

比如在旅行预约网站发布广告的案例，要想方设法让用户集中到网站上进行预约。针对那些在搜索引擎网站输入"旅行"这个关键词进行检索的用户推出广告才能获得最好的效果。那么对于去年暑假期间曾经使用过旅行预约网站功能的用户，在今年同一时间再次发布广告或许还能获得成功。即使没有这些非常明确的信息，如果我们发现有些用户的操作记录非常接近那些已经预约过

的客户，那么这些用户进行旅行申请的可能性也是很高的。这种通过用户的信息进而向其推出广告的做法就是定向广告，而它的实现是需要大数据分析来支持的。

定向广告要获得成功，就需要数据业务员、科学分析员和工程技术员这三个角色的全面配合。

○ 数据业务员的角色

数据业务的作用就是使利润最大化地发送广告来提高企业的利润。

以旅行预约网站中的广告推送为例，我们争取将完成一件预约的广告费减少到最低程度。最终的目标是成交，也就是说如果预约成功则成交。为了获得1个成交所花费的成本被称为CPA（cost per action）。假设现在的CPA为2000日元，如果能够降低到1900日元而保持成交数不变的话，就是增加了利润。因此，我们的目标就是在保持成交数的前提下降低CPA数值。

■ 数据业务员的工作

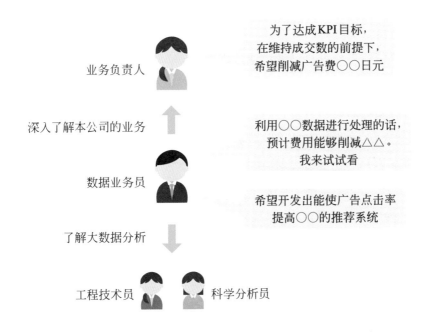

为了达到这一目标，需要多少投资呢？假设 Web 网站上每月的成交数是 10 万，达到这一数值目前为止的广告费用是 2 亿日元，我们希望通过降低 CPA 值使得费用减少到 1.9 亿日元，也就是说希望减少开销 1000 万日元。如果我们能够利用低于 1000 万日元的经费开发出这套系统，就能够为降低费用做出贡献。假设系统的运行需要 400 万日元，那么就是削减了 600 万日元的支出。

数据业务员的工作就是明确上述逻辑关系，并且使得任何人都能够理解通过数据分析可以达成上面提出的目标。只有这样才能在提案后获得批准。为了完成这一工作，数据业务员既要深入了解企业内的业务，又要了解如何与大数据分析进行接轨。

无论机器学习的热潮多么高，对于企业而言如果不盈利的话也是不会使用的，即使是一时地研究和尝试也不会长久。因此可以看出能够将大数据分析转换成企业利润的数据业务员的角色是多么重要。

● 科学分析员的角色

科学分析的工作就是开发出使广告发送利润最大化的方法，并且每天不断地进行完善。

在旅行预约网站广告发送的例子中，要考虑的是给什么人发送什么广告才能增加成交数，因此要开发实现其功能的程序。

最简单的方法就是根据用户的性别、年龄、居住地等信息发布广告。即使不使用机器学习这种较难的技术也能够完成。在保存有客户信息的数据库中通过条件选择就能够提取出对应的客户群。

但是这种方法的预测准确率是有限的，因此还需要根据用户更详尽的信息来推送广告。所以要将用户操作履历的特征进行数值化，然后通过机器学习来判断用户是哪种类型。最终应该把广告推送给那些与已经成交者的操作过程相似的用户。

要达到这一目标，仅仅理解并能够运行机器学习算法是不够的，还要有将用户的操作履历特征数值化的能力。这种将特征数值化的工作被称为特征量的工程技术化，是近年非常引人注目的领域之一。

■ 科学分析员的工作

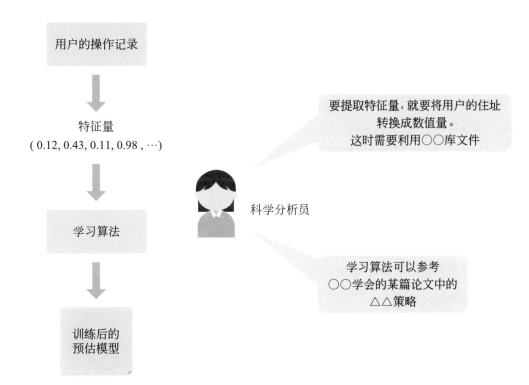

训练后的预估模型也不是一成不变的。因为每天的数据和商务状况都在变化，所以需要检查这一模型是否需要更新。例如需要确认那些被预测为签约的用户是否真正完成了"成交"这一工作。而当预测精度下降的时候就要进行再度开发以提高系统的性能。

因此科学分析员的工作不仅仅是机器学习这方面，还要在特征量的工程技术化、每日预测精度的检查和改善上承担起责任。

○ 工程技术员的角色

工程技术人员的作用是设计并使用一个完整的大数据分析系统，包括从数据的准备到对系统产生的效果的监测。

我们仍以旅行预约网站的广告发送为例，首先数据的准备工作是必不可少的。为了分析用户的操作信息，数据的生成、收集、积累都是必须要做的。对于数据的生成，可以在公司 Web 网页上利用 JavaScript 等编程语言将用户的点击信息发送到分析系统中。对于数据的收集，就是开发出程序来收集上述的用户点击操作信息、用户自身的信息，以及是否签约等信息。为了让收集程序能够顺利工作，对任务控制器和对错误的监测也是必不可少的。对于数据的积累，要注意在数据冗余处理后重要的数据不能从数据库中丢失。而且为了减少统计数据的时间，数据将按照列定向格式（参见第 6.3 节）排列并进行分布式统计。此外，还要向使用该系统的用户详细说明这些数据，并且向用户解释这些不断变化的数据每天的质量状况，因此对于元数据的管理（参见第 8 章）也是必要的。

■ 工程技术员的工作

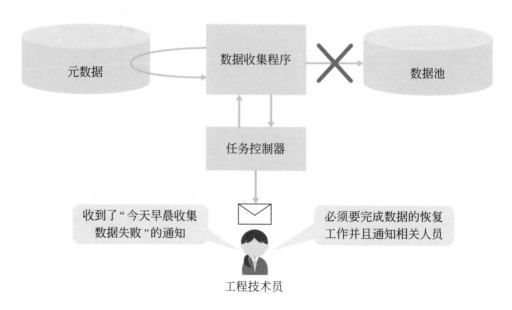

完成了数据的准备之后就是完善机器学习的基础工作。在机器学习中要经常用到矩阵的计算，因此通常的计算环境是搭载GPU而不是CPU。现在的笔记本电脑也能够完成机器学习的试错功能了，但是在笔记本电脑上搭建适合的环境是必要的。笔记本电脑现在已经能够充分展现机器学习的结果，它是通过浏览器将机器学习的编程和运行结果进行了可视化。当然，还要有管理机器学习成果的储存库，并且要完善系统发布时的处理过程等。

在完成了数据的各种处理之后，科学分析员就可以进行预测工作了，而将预测结果与广告发送系统进行连接的工作还是工程技术员的任务。仍以前面旅游的例子为例，科学分析员通过预测得到了广告发送对象的名单之后，就需要由广告发送系统将广告内容发送给这些用户。但这还不是终点，因为如果不确认这些用户是否打开并观看了这些广告而且确实进行了"成交"的话，还是无法判断效果，所以每天都需要不断地积累用户的点击记录，完善这一功能也是工程技术员的工作。

综上所述，工程技术方面的事情既包括系统整体的设计开发，又包括每天的实际应用。

小结

▷ 数据业务的目的是在数据分析的基础上增加企业利润。

▷ 科学分析的目的是实现从数据中提取知识的方法，并且每天都要进行完善。

▷ 工程技术的目的是设计出从数据的准备到对成果的监测这一完整的系统并保障它的正常运作。

1.6 工程技术员的价值在哪里

为什么完成了验证实验后仍然无法实现真正的系统化

在机器学习的热潮中，企业也在加速进行机器学习的实验验证。但是在实验验证后进行真正的系统化时却经常出现很多问题。这是因为即使有了科学分析员，如果没有工程技术员也是不行的。

◉ 大多数企业的实验验证

很多企业正在加速进行大数据分析的实验验证。随着劳动力的减少以及海外新兴企业的崛起，对业务的效率化、自动化要求越来越高，随之而来的就是对大数据分析的期待值也在不断增加。

很多企业有了自己的数据科学家，或者直接向数据科学领域的企业寻求帮助，其目的就是进行数据使用的实验验证。为了满足这一需求，很多地方都在培养更多的数据科学家以提高大数据分析的咨询能力。IT企业更是着眼于数据科学关联产品的开发。

下面介绍一个实验验证的典型流程：首先整理好本公司已有的数据和课题，从中提取出根据数据分析可能能够解决的课题。然后数据科学家进行分析和机器学习的操作，对业务的效率化和自动化进行验证。如果比较满意的话，就可以搭建原型系统并且实际应用于一部分的业务之中。

大多数情况下实验验证阶段就此结束，而真正的系统化和对整体业务的适用调整将是下一阶段的工作。但通常是就在此时会出现问题。

◉ 挑战真正的系统化

实验验证结束后，终于来到了策划构建真正系统并实现企业利润增加的这一步。但是在这一阶段很容易出现问题。主要原因是一次验证的结果很难与每天都在变化的数据完全对应。要知道对数据的分析结果是直接影响企业利润的，所以真正系统化的挑战才刚刚开始。具体而言，以下几点都是必须要加以考虑的。

- 如何继续不断地积累数据；
- 如何整理好积累的数据并检验这些数据的质量；
- 如何自动地将数据的分析结果与企业利润相结合；
- 如何监测分析的精度是否劣化；
- 如何完善源代码的管理和程序发布的管理；
- 处理时间是否与业务时间相匹配；
- 当数据中混有保密信息时，如何进行控制。

以上这些点在实验验证阶段应该并没有被充分考虑到，而且这些是很多数据科学家不擅长的。

此外，不仅要考虑到上述这些要注意的点，还需要考虑人的因素。一般情况下当实验验证结束后，针对以下问题还没有做出明确的回答。

- 谁来搭建真正的系统？
- 当实际运行中出现问题时，由谁来负责处理？
- 谁负责数据的质量管理？
- 谁负责机器学习模型的维护？
- 谁负责分析报告的维护？

大家一定隐约感觉到了，数据科学家并不适合处理上述这些针对实际系统的工作。他们的真正价值是寻求从数据中找到知识的方法，这种能力他们是具有的。但是如果一个企业中的主要业务是面对实际系统的话，他们有可能无法解决一些实际出现的问题。以前我们可能会认为在机器学习的热潮中，数据科学家不会被繁杂的问题所困扰，他们在实验验证过程中也证明了自己能够胜任，因此我们可能觉得他们应该完全能够处理那些在实际运行中出现的问题。但往往结果并不是这样，这是为什么呢？

其实出现这一困惑的原因就是没有理解科学分析与工程技术之间的差别，反而是将所有的工作都推给了科学家。要想解决这一问题，就要将不同于科学家的工程师也吸收进来，明确规划出他们各自不同的任务，这样就能有效解决上述问题了。

◉ 工程技术人员的重要性

如果希望将数据科学家在实验验证中所做的努力能够真正贡献于企业利润增加的话，就必须要借助工程技术人员的力量了。

工程技术人员在这里包括如下工作：

- 生成数据并且继续不断地收集数据；
- 监测数据的质量，若数据质量下降则采取对应措施；
- 将数据分析的结果与业务相关联的部分进行系统化并加以运用；
- 保全数据的完整性，做到不损失数据；
- 考虑数据的安全性，进行适当的读写控制；
- 按顺序设计数据的分布式处理，在完整的业务时间内安排好处理过程；
- 管理好源代码和机器学习模型这些工作成果，完善程序的发布；
- 做成好的工作环境，便于数据科学家等数据利用者的分析使用；
- 整理好数据并完善文档材料，易于数据利用者的理解；
- 定期分析成果的时效性，废弃过时的成果。

这些工作是与 Web 系统和基本业务系统等基础设施的使用相似的，但是因为数据的责任重大，所以比普通的基础设施管理者所负担的范围要广，甚至可以简单地认为工程技术人员的工作是"数据科学家所做工作之外的全部工作"。如果您具有实际系统的开发经验，那么一定是能深深理解上面的这句话。

如果没有将数据科学家所做工作以外的工作都圆满完成，有效增加企业利润这一目标也是无法圆满完成的。

● 工程技术人员的缺乏

大多数企业都是处于大数据分析的验证阶段，真正运用好的企业并不多。因此，具有大数据实际操作经验的工程技术人员在企业中是不多的。所以在完成了验证之后进入实际操作时寻找能够胜任的工程技术员也是一个很难的事情。我虽然在大数据分析工作中也是属于工程技术团队中的一员，但是这个团队里在开始的时候具有高水平工程技术能力的人员也是很少的，我也是如此。

因此在一般情况下，应该吸收具有Web系统和基本业务系统等基础设施构建和操作经验的人员，使之不断地积累经验并逐步解决实际问题。因为这项工作的大部分内容是与一般的基本设施的构建和操作相似的，以此为基础进行数据的管理和分布式处理，然后再赋予系统机器学习的相关知识。

本书可能是建设基础设施的工程技术员非常喜爱的书。提高他们大数据工程技术的能力，帮助他们顺利完成大数据分析系统的搭建和应用，这就是本书的目标。通过本书我们希望能够消除企业中工程技术能力不足的问题，从而保证数据分析也不只是停留在验证阶段。

小结

▸ 很多企业仍处于验证的阶段，苦于无法进行实际系统的开发与操作。

▸ 真正实现系统化是需要工程技术能力来支撑的，它与科学分析是不同的。

▸ 开始的时候具有工程技术能力的人员很少，可以让企业中建设基础设施的工程技术员学习大数据分析中所需的工程技术。

第2章

▼

大数据分析系统的结构

从本章开始，详细介绍基于实践的大数据分析系统的搭建。本章着重于说明大数据分析系统的结构，后面各章再详细阐述各个部分的具体操作方法。

2.1 整体结构概述
数据的收集、积累、活用

大数据分析系统是由生成数据的"业务系统"和分析数据的"分析系统"两部分组成的。分析系统又分为数据收集、数据积累、数据活用这三个层次。

◉ 业务系统和分析系统

如果剖析一下"大数据分析系统"这个词，会发现主词是"系统"。而大数据分析所需要的不仅仅是"分析系统"，生成数据的"业务系统"也是必需的。

所谓的业务系统，是指企业为所从事的业务活动而建立的一个系统。我们仍以前面提到的网络服务分析这一事例为例，它的业务系统就是 Web 网站或智能手机应用程序。而对于网联车分析系统，其业务系统就是车体的导航系统和车载传感器等。

业务系统和分析系统构成了完整系统所需的要件，但它们的作用是有很大不同的。业务系统因为直接涉及业务活动，所以是关键任务系统，高度的可用性是追求的目标。

而另一方面，即使分析系统因为故障而无法运行了，也只是极为有限地影响到业务，因此分析系统并不需要业务系统那么高的可用性（当然这是相对而言的）。因为在各种分析过程中需要以较快的速度进行各种尝试，所以分析系统追求的目标是开发生产率。

在大多数企业中，业务系统和分析系统是由企业内不同的机构组织来负责的。为了成功地完成数据分析，需要业务系统和分析系统的负责人员协力完成。

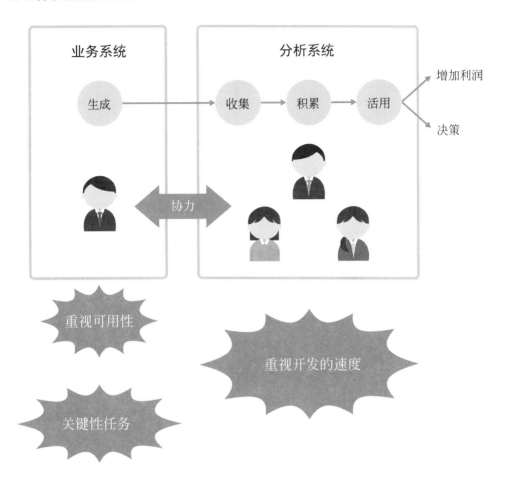

⊙ 大数据分析系统的结构

现在我们再稍微详细地来介绍一下这个系统。在第1章中给出了大数据系统的概要图，下图是这一系统详细的结构图。

下图给出了大数据分析系统的所有的必要组件。在使用分布式处理的地方用"D"，使用机器学习的地方用"M"来表示。

■ 大数据分析系统的结构图

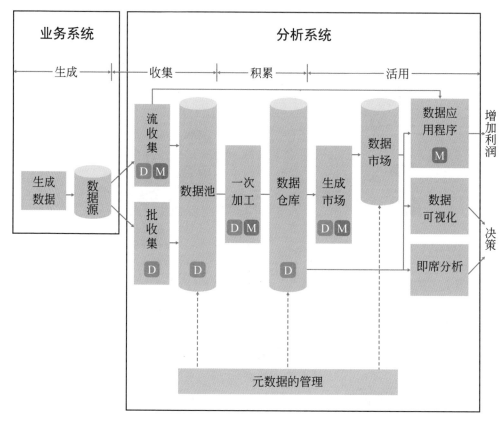

D —使用分布式处理；　M —使用机器学习

如上图所示，利用业务系统生成数据，然后利用分析系统进行收集。数据的收集包括流收集和批收集两种方法。收集好的数据被放入数据池（参见第6.1节）中积累起来。数据池中的数据并不能直接被分析，还需要进行数据的一次加工（通过数据清洗等变换成表格形式）后放入数据仓库（参见第6.1节）。数据利用者可以直接从数据仓库中接触到这些数据并进行即席分析。而利用数据可视化和数据应用程序时，还需要将数据特别加工成数据市场。与所有这些数据相关联的还有"元数据"（参见第8.1节），对元数据也需要加以管理。

◉ 分布式处理和机器学习无处不在

在第1章中我们提出大数据分析的关键技术是分布式处理和机器学习。这两个技术在上图（大数据分析系统的结构图）中出现在很多地方。

分布式处理在很多地方都是需要的。例如在收集大量的数据时，以及在积累大量数据的数据池和数据仓库中都需要。在一次加工和数据的各种变换处理时也都需要分布式处理。

要进行机器学习，首先是将数据池中积累的非结构化数据进行结构化处理，然后将这些处理好的数据放入数据仓库。对数据仓库中的数据进行预测时是需要机器学习的。此外，还需要将机器学习预测的结果作为API发布出去，或者被数据应用程序所利用。API是Application Programming Interface（应用程序接口）的简称，是指在不同计算机之间进行数据交换的结构和技术的总称。

✏ 小结

▷ 开发大数据分析系统时不仅要考虑分析系统，还要考虑生成数据的业务系统。

▷ 分析系统分为数据的收集、积累和活用三部分。

▷ 分布式处理和机器学习应用在很多地方。

2.2 数据的生成和收集

利用业务系统生成数据，利用分析系统收集数据

数据的生成是由业务系统来处理的。生成的数据被收集到分析系统时有两种方法，分别是流收集（实时收集）和批收集。

● 数据的生成

数据是无法自然生成的，需要将存在的各种事物通过一些方法的处理才能转变成数据。

例如，如果需要将Web网站上客户的操作进行数据化，就要用JavaScript抓取网页浏览器上的信息。如果是将智能手机应用程序的操作进行数据化，就要收集画面的变化以及客户点击屏幕的信息等。

IoT（internet of things，物联网）就是在目前无法生成数据的装置上安装传感器后使之能够生成数据。

数据的生成需要业务系统的支持。例如在分析Web网站的时候，分析系统准备好了收集网页浏览器事件的JavaScript库，而业务系统这边需要将这些库与网页上的画面整合到一起。同样，对于智能手机应用程序，在智能手机操作系统上进行数据收集时也需要库文件，这些库文件也需要整合到应用程序中。这些库文件可以自己开发，也可以使用商业制品。

以下图为例，这是当用户点击旅行预约网站上的"详细"按钮时，将这一点击的事件生成数据的过程。当点击画面上的"详细"按钮时就会调用JavaScript库中的该事件发送函数，该函数将向分析系统发送数据。

■ Web 网站上客户操作事件的数据生成和数据收集

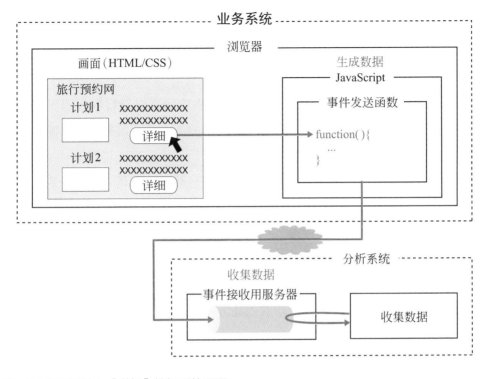

■ 点击旅行网站上"详细"按钮后的画面

● 数据的收集

数据在生成之后要进行收集。

数据的收集方法包括两种，一种是数据生成后实时进行收集的流数据收集方法，另一种是定期进行数据收集的批数据收集方法。流数据收集能够保证数据的新鲜度，但处理上比较复杂，所以运用起来比较难。与此相对，批数据收集方法可以很简单地被开发出来，但是它也有缺点，就是无法保持数据的新鲜度。

数据的收集是分析系统中难以应对的部分，主要是因为在业务的不断变化中数据的结构和数量都在变化。为了应对数据结构的变化，需要完备对数据结构变化的检测并相应地改变数据结构变化后的收集过程。为了应对数据量的变化，在数据收集部分就要采取分布式处理方式，还要考虑当数据量增加时处理数据的工作量也会增加。这些工作是要交给运营团队去完成的。

● 采用流数据收集方式的快速反应

采用流数据收集方式可以防止数据流入数据池中，因此这些数据能够及时地被数据应用程序所利用。如下图所示，从 Web 网站上将用户的操作信息以流数据方式收集后直接进行分析，这样就可以根据用户的操作对应地快速改变网站上的画面。实现流数据收集就要采用流处理技术，它也是近年备受关注的技术之一。

第 5 章将详细说明数据收集这部分内容。

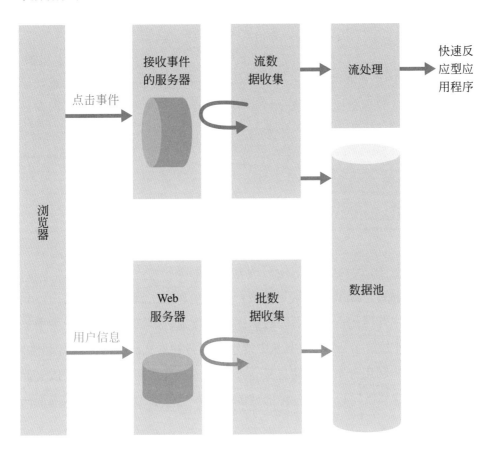

2

大数据分析系统的结构

✏️ **小结**

▷ 数据生成是需要业务系统支持的。

▷ 数据收集方法分为批数据收集和流数据收集，要根据不同的用途而选择。

▷ 利用流数据方式收集后的数据将不被积累，而是实时地被使用。它采用的是流处理技术，近年来备受瞩目。

2.3 数据的积累
数据池与数据仓库

数据的积累分为两种方式，一种是将收集的数据原样不动地放到数据池中，另一种是将数据整理成可被分析使用的状态并放到数据仓库中。对积累的这些数据的元数据管理工作也很重要。

数据池

通过数据收集这一步获得的所有的数据全部都放到数据池中。

对于企业而言，数据也是宝贵的资产。为了保证生成的数据不消失，需要对其进行冗余化处理和备份。而随着数据量的增加，数据池可以相应地增加池的容量（具有扩展性），而且数据池中能够存储各种形式的数据（具有柔性）。

在数据池中利用分布式存储是最合适的。分布式存储是指让数据以文件形式进行操作，这样就可以保存各种形式的数据，也能够根据数据量的增加而扩大容量。

Apache Hadoop项目的HDFS及其衍生品是运行在本地的软件（on-premises software），它们就是采用这种分布式存储模式。而基于云端的公司则采用面向对象的存储模式，它也是分布式存储方式的一种。

关于分布式存储的详细介绍请参见第3.3节。

一次加工

积累到数据池中的数据是不能直接进行分析使用的。还需要经过一次加工，就是将这些数据整理成定义好的数据结构后再保存到数据仓库中。经过一次加工后的数据就可以进行分析使用了。

现在我们看一下收集完JSON形式的数据后在数据池中积累的情形。JSON是JavaScript Object Notation的简写，可以翻译成JavaScript对象简谱或JavaScript对象表示法，是现在网络上最为普遍的具有层次结构的数据形式。举例如下。

■ JSON 形式

```
{
    "id": 123,                                    数值
    "name" : " 渡部徹太郎 ",                        字符串
    "aget" : 36,
    "friend_ids":  [ 324, 457, 498, 912 ],        数组
    "post" : [
        {                                         字典
            "datetime" : "2019-06-01 14:07:00",
            "message" : " 正在写书 ",
        },
        {
            "datetime" : "2019-06-04 21:09:00",
            "message" : " 完成书稿 ",
        }
    ]
}
```

JSON能够处理的不仅是数值、字符串等，还能够处理数组、字典等，所以是一种能够存储各种数据的层次很深的数据结构。

因此JSON的一次加工就是指检测最初存放于数据池中的JSON数据的结构。具体工作就是确认是否存在必要的键值，以及数据的类型是否是需要的形式等。如果检查出问题，就要进行数据清洗，例如去掉在数据仓库中无法处理的控制字符，以及调整日期格式等较为细致的工作。如果数据中有比较敏感的个人信息，而在数据分析中又不需要使用的话，就要在此时立即将敏感信息去除掉。完成这项工作后，最后变换成表格的形式并放入数据仓库中。

文本、图像、声音等非结构化数据也是存入数据池的，对这些数据的一次加工就是为了进行机器学习等操作而将其变换成结构化数据。然后经过对数据的检查、清洗、脱密等步骤后变换成表格形式存入数据仓库。

最后还要再说一句，为了应对大量数据的一次加工，不要忘了分布式处理这一利器。请记住：对大数据的处理全部都是分布式处理。

● 数据仓库

顾名思义，数据仓库就是将数据整理成易于处理的形式后加以保存的仓库，数据仓库同时提供对数据的查询和统计功能。

可以将数据仓库想象成数据利用者的生活空间。在这一空间内数据利用者为了进行即席分析，会准备好SQL的接口，也会为正在处理的数据留出保存场地。此外，数据利用者为了使计算资源不被耗光，还需要考虑对使用资源的一些限制。

为了让数据利用者方便快捷地进行即席分析，数据仓库在数据统计和抽出时特别做成了分析型数据库的结构。而与分析型数据库不同，在Web系统后台使用的关系型数据库是针对事务处理而特别完成的，被称为操作型数据库。

由于数据仓库的费用在同等容量下要比数据池高，因此将所有的数据都放入数据仓库是不现实的。此时，就可以释放出一些分析频率较低的旧数据，在确实需要分析这些旧数据的时候还可以随时从数据池中取出来，这种方法是非常有效的。

第6章将详细讨论数据池和数据仓库。

● 元数据管理

最后再谈谈元数据管理。

元数据是指给数据附加的信息。例如表明数据名称和形式的"数据结构"，表明数据发生时间的"数据新鲜度"，注释数据从何处来到何处去的"数据谱系"，以及说明数据商务意义的"数据字典"等，都是附加在数据上的信息。

在每天的元数据管理中，就是为收集到的数据定义它们正确的状态用以提高这些数据的质量。而公开与之配套的元数据，是为了让数据的使用者充分理解这些数据，进而避免使用质量差的数据而造成损失，这在数据使用上是非常必要的。

第8章将详细说明元数据的管理。

小结

▷ 不改变数据而直接存放的地方是数据池。

▷ 数据在经过一次加工（数据清洗和结构化）后存入数据仓库。

▷ 数据仓库就是数据利用者的生活空间，是存放整理后的数据的地方。

▷ 对元数据的管理，将极大地方便数据利用者对数据的理解。

2.4 数据的活用
应用于企业决策和增加利润

数据活用就是构建一个系统，使之有效地将数据与企业决策和增加利润结合起来。要完成这一步，需要将数据仓库中的数据进一步加工成数据市场（data mart），这样才能够在即席分析、数据的可视化和数据应用程序中使用。下面按顺序进行说明。

● 数据市场

保存在数据仓库中的数据还不能直接应用于数据可视化和数据应用程序。这是因为在数据仓库中存有大量的各种数据，如果每次都要为了进行数据可视化和数据应用程序而在数据仓库中进行数据加工的话，计算资源的负荷非常高，而且花费的时间也很长。

因此在执行数据可视化或数据应用程序之前，还需要将数据仓库中的数据进行加工，而这次加工的目的性极强。这种为了目标而加工成的数据就形成了"数据市场"。例如经过数据的抽出和集结等简单操作而成的数据市场就可以直接利用数据仓库的SQL了。而如果要做成更复杂的数据市场，就要使用Python等语言进行编程开发了。而要完成对数据进行预测的数据市场，还需要具有机器学习的技术。

● 即席分析

利用SQL对数据仓库或数据市场中的数据进行分析，从而以数据为基准进行决策的过程就是即席分析。

为了在企业内提高数据的使用效率，应该尽量开发出便于数据利用者操作的环境。具体而言就是要有简单易用的SQL运行环境、数据的上传和下载功能、利用BI工具能简单地将集结好的数据联系起来、检索元数据后能够获得数据的说明信息和质量信息等，这些都是需要考虑的。

○ 数据的可视化

将数据市场中的数据进行可视化后就可以用于对企业的决策了。

具体操作就是准备好安装有BI（商务智能）软件制品的服务器，将数据市场的数据可视化。BI软件制品可以将数据通过各种方法进行可视化后做成报告或发布在展示板上，是能够提供给很多人的一种工具。决策者就可以根据BI工具生成的Web画面或者通过BI工具发送的报告进行判断决策。

数据可视化过程并不是随着报告的发布而结束，它还包括随之产生的决策，因此每天都要确认做成的报告是否对决策产生了作用，还要定期检查报告中的参考数据并及时听取决策者的意见，对没有产生作用的报告要进行改善或者废弃。

○ 数据应用程序

"数据应用程序"说起来可能比较抽象，在这里可以理解为企业为了增加利润而对数据做的"除了上述之外的所有的其他工作"。

仍以前面提到的定向广告投送为例，为了在数据市场中保存"向用户投放什么广告最有效"的结果，就需要在Google或Facebook等广告媒体上发送数据，这种处理过程就是数据应用程序。我们再以Web网站商品的推荐系统为例，为了保存"向用户推荐哪种商品"的结果，在Web网站上表示的内容就是数据应用程序。

此外，需要对数据的利用效果进行监测。如果是定向广告投送的话，就要关注点击广告的用户完成交易的数量。如果是商品推荐的话，就要关注用户从推荐的商品中成交的数量。

下图表示的是定向广告投送的数据应用程序。在数据市场中，当广告发布公司在广告发布系统中登录后，用户就可以看到被推送的广告了。为了测算广告的效果，广告的阅览数和点击数也要通过广告发布系统进行收集。

■ 定向广告的数据应用程序

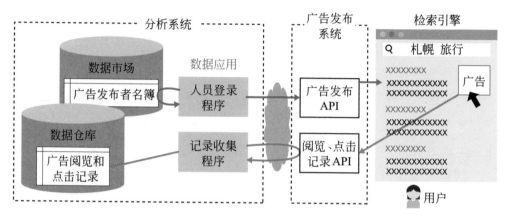

对应数据活用的不同种类，出现了多种数据应用程序的形式，它们作为分析系统的一部分需要不断地进行管理。要知道并不是通过机器学习完成了预测就结束了，最终是要将这一系统与企业利润结合起来，这是该系统及其管理者要承担的责任。只有确实提高了企业利润，才能体现出数据分析的价值。

小结

▷ 将数据仓库中的数据根据不同使用目的进行加工后就形成了数据市场。

▷ 在进行即席分析时，需要准备好能够简单地执行SQL和参阅元数据的环境。

▷ 在进行数据可视化时，要完成报告并做出决策，还要每天确认是否仍然有效。

▷ 对于数据应用程序，一定要将数据与增加企业利润结合起来。

第3章

分布式处理的
基础知识

在大数据分析时，分布式处理是必不可少的。为了能够充分理解分布式处理，就要明白系统可能出现的瓶颈问题，以及如何通过分布式处理来解决这些瓶颈问题。

3.1 对瓶颈问题的分析

系统性能上的一些问题

为了能够有效掌握分布式处理技术，有必要先了解一下分布式处理的重要性。当系统出现性能方面问题的时候就能够体现出它的重要性。因此我们先说明一下这些性能问题。

● 性能问题及其瓶颈

大数据的分析当然是针对大量数据进行的，而出现的大部分问题都是性能问题。例如，我们通宵工作仍然没有将批处理数据分析完毕、处理BI工具的画面过于耗时耗资源、预测API的响应速度慢，这些其实都是在系统性能上出现的问题。

当发生上述的性能问题时，我们经常使用的对策就是增加计算机的台数或者换成高性能的CPU，但是在很多情况下并没有什么效果。我们必须分析一下是哪些因素消耗了大量的处理时间，只有解决了这些瓶颈问题才能提高系统的性能。

瓶颈这个词来源于酒瓶出口的细长部分，酒从瓶子流出时的速度就取决于这部分的粗细。将这一现象放到我们的系统中，那么系统的瓶颈就是"如果能够提升某一部分的处理速度，那么就将极大地减少全体的处理时间"，我们就是要找出这一部分的问题并解决它。

瓶颈发生的原因其实就是出现了计算资源空等的情况。计算资源包括磁盘、处理器（CPU或GPU）和网络这三方面。其中的任何一方面的工作如果处于积压排队的状态，即使其他两种资源都处于空等状态，也无法缩短处理时间。例如当分析批处理很慢时，CPU成了瓶颈，那么即使增加磁盘的数量也是无法缩短处理时间的。

这些分析思路是经常被用在普通的计算机系统上的，对于大数据而言也不例外。无论我们改善了多少云端和分布式处理软件，如果不解决瓶颈问题也是不能提高系统性能的。

下面将逐个说明这三种计算资源上的瓶颈问题，如图所示。

■ 出现的瓶颈问题

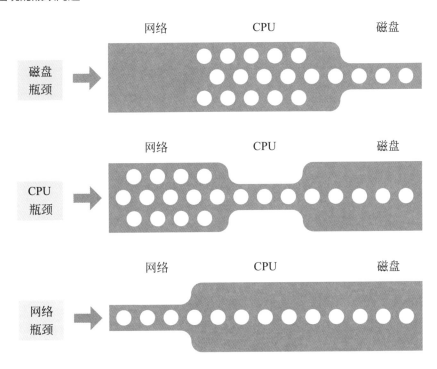

○ 磁盘瓶颈

系统经常需要对数据进行读写操作，而这些处理是需要磁盘在空闲时才能操作的，这就是磁盘瓶颈。大数据分析时所要处理的数据量巨大，因此磁盘瓶颈问题更加突出。在统计大量数据的时候或者在机器学习时读入训练数据的时候，都容易发生磁盘瓶颈。

分析磁盘瓶颈的方法之一是关注磁盘的队列。观察从磁盘读取数据和写入数据到磁盘的队列长度，如果存在排队的现象就表明发生了等待。

再举一个稍微复杂的例子。如果能够确认实际读出和写入磁的数据量，就可以通过计算来解决磁盘瓶颈问题。计算机在本地的话就能够确定磁盘的规格，在云端的话虚拟盘中的IOPS（input output per second），即数据的每秒吞吐量，也是可以确定的，将这一数值与实际的数据读写量进行对比，这样就可以确认磁盘是否存在瓶颈。

◎ 处理器瓶颈

处理器瓶颈是指计算量过多而导致程序必须等待处理器有空闲时才能继续运行的状态。例如在SQL中有很多统计处理的运算，在复杂的机器学习时也经常会发生这种情况。

分析处理器瓶颈的方法是关注处理器的使用率，这里要注意处理器有多核的情况。近年来在一台计算机上搭载4核或8核逐渐成为了标准配置。如下图所示，如果是4核的计算机，而总的处理器使用率为25%的话，很有可能一个CPU是在空闲状态而另一个CPU正在100%使用中，这种情况是很常见的。同样如果是8核的计算机，总的处理器使用率即使只有12.5%，也很有可能有一个CPU正在100%使用中。

■ 总的 CPU 使用率有空闲时，一个 CPU 的使用率为 100% 的例子

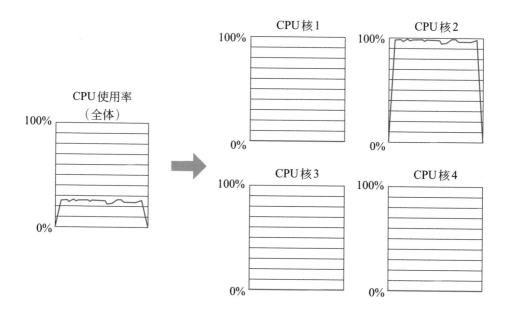

因此，在监测处理器的使用率时一定要监测每一个核的运行使用状况。

○ 网络瓶颈

网络瓶颈是指通信量过多而导致的各种处理都需要等待网络有空闲时才能进行的状态。

例如在数据分析系统中收集数据的时候，处于分布式状态的各节点间要经常进行数据交换，此时极易发生网络瓶颈问题。

分析网络瓶颈的关键是关注网络的使用率。在通常的TCP/IP协议下，客户端和服务器之间是在确认数据到达后才进行通信的，所以要注意不能占用网络的全部带宽（bandwidth）。例如在1Gbps的LAN内部通信时，当到达800Mbps附近时就可以认为是趋于饱和了。

在云端的时候，虚拟机的类型不同使得网络的带宽也不相同，因此使用高档次的虚拟机也能够消除网络瓶颈。此外还要注意在上传和下载时所用的带宽是不同的。

✏ 小结

▣ 性能问题的出现是因磁盘、处理器和网络这三方中的某一方面出现了排队等候而产生的。

▣ 大数据分析时要进行大量数据的读写，所以很容易造成磁盘瓶颈。

▣ 在分析处理器瓶颈时要注意多核的情况。

▣ 在分析网络瓶颈时，根据通信方式的不同要注意避免网络中的带宽产生饱和。

3.2 上述三种瓶颈以外的与性能相关的问题

内存枯竭，以及没有瓶颈但性能仍然很差的原因

除了磁盘、处理器和网络这三种瓶颈之外，也必须要了解影响性能的其他两个方面：一个是内存枯竭问题，另一个是找出即使不存在瓶颈但系统性能仍然很差的其他原因。

◎ 内存枯竭

前面提到了计算资源的瓶颈问题包括磁盘、CPU和网络这三种因素，那么内存又是一个什么情况呢？

实际情况是：内存很少会成为瓶颈。我们知道内存和磁盘同样是数据的保存场所，但内存的速度很快，它是作为速度很慢的磁盘的辅助。一般情况下，在内存成为瓶颈之前磁盘就早已成为瓶颈了（当然，对于所有的数据都存储到内存的内存数据库而言，还是存在成为瓶颈可能的）。

对内存要关注的是枯竭（饱和）问题。当内存不足时，会出现Out of Memory错误而导致异常终止。还有一种情况就是可以将没能写入内存的数据写到磁盘中，此时会出现数据被交换出内存（swap out）的情况。

当数据被交换出内存时，由于磁盘的速度是内存速度的1/1000 ～ 1/100，因此数据的读写速度将会下降。所以对于性能问题，除了要调查瓶颈外还要考虑是否存在数据被交换出内存的情况，如下图所示。

■ 数据被交换出内存（swap out）

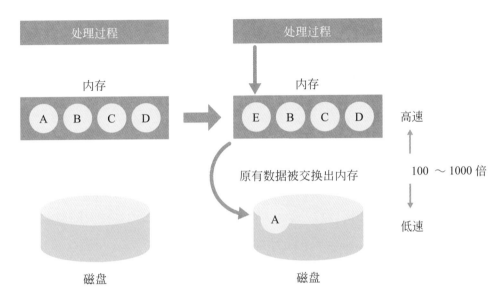

希望写入字符 E，
但是已经内存不足

如果出现了数据被交换出内存（swap out）的情况，肯定就是内存不足了。但即使有的运行程序并没有发生数据被交换出内存的情况，也还是有可能存在问题的。Java程序就是一个典型的例子。Java程序在启动时为了保证能够占有指定容量的内存，在程序中无论是否在使用内存，从操作系统看到的Java内存使用量都是非常大的。此时从操作系统而言并不存在数据被交换出内存的情况，但是对于Java而言，它所占有的内存还是会出现容量不足的情况，这就会引起性能上的问题。这时就需要利用Java专用的内存监测工具软件对Java占有的内存实际使用情况进行确认。

需要确认Java内存的使用情况时，可以通过jmap等命令将内存中的信息输出为转储文件，并通过Memory Analyzer等软件进行可视化处理。

上述虽然只是一个Java的例子，但是在其他的程序语言或者中间件（middleware）中也会引起同样的问题。必须要掌握使用的软件程序在多大程度上利用了内存，只有这样才能够处理好性能问题。

● 瓶颈问题的转移

如上所述，我们了解到存在磁盘、处理器和网络这三种瓶颈，那么如何消除瓶颈呢？

以磁盘瓶颈为例，它会导致统计处理的时间过长。当磁盘瓶颈消除后，磁盘的等待时间就会减少，因此处理速度就会加快。但是又会对后面的内存、处理器或者网络产生瓶颈。同样，当我们希望能够减少磁盘的等待时间而立即读取数据时，计算过程又成为了最耗时的处理。

如此就形成了瓶颈的转移，但并没有消除瓶颈。只有随着瓶颈的消除而能够让处理时间满足业务要求，这才是真正地解决了性能问题。

● 影响系统性能的其他原因

如果磁盘、处理器和网络都处于空闲状态，但是仍然无法满足业务要求，又该如何处理呢？

出现这种情况的原因应该就是处理效率不高了。例如，在数据库中频繁地读取数据时，从发出指令到确认数据已经被读取之间的等待时间是非常长的。在这种情况下如果将数据收集起来再去统一处理的话，速度就会明显加快。

如果这样仍无法满足业务需求的话，那就是到达了硬件的极限：处理器的执行速度是无法超过时频数的，磁盘读出数据的速度也无法更快了。

■ 瓶颈的转移

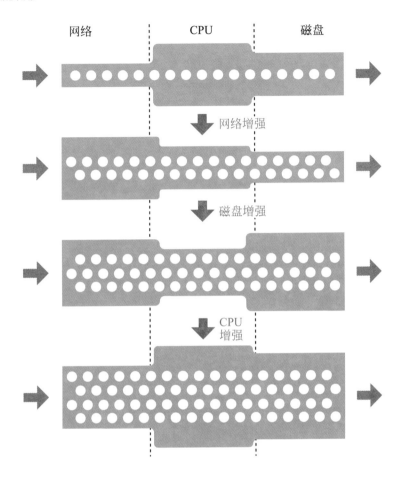

 小结

▷ 不同系统的内存使用方法各异，即使了解了内存使用率有时也无法
确认内存是否已经枯竭（饱和）。

▷ 瓶颈在被消除的过程中有可能会被转移，所以一定要逐步解决直到
最后满足业务需要。

▷ 如果没有瓶颈时系统运行仍然很慢，此时就要考虑处理的效率问
题了。

3.3 分布式存储

消除磁盘瓶颈的技术

大数据在使用时最开始触到的壁垒就是磁盘瓶颈。本节讲述如何利用分布式存储来消除磁盘瓶颈。

● 在多台计算机上安装磁盘

消除磁盘瓶颈的方法之一是在一台计算机上安装多个磁盘，然后将数据分别存入这些磁盘中。一台计算机如果安装8个4TB的磁盘就是32TB的容量。这种容量可以保存很多的数据了，但是不要忘记还有数据读写速度的问题。因为只有8个磁盘，所以一次最多只能读取8列数据。对于即席分析和分析的批处理而言，数据抽出的速度至关重要，而8列的读取速度对于业务操作而言就显得非常慢了。

在此我们考虑使用多台计算机，并且每台计算机上都安装多个磁盘。将数据分散地配置到各个磁盘中，那么将大大加快同时读取数据的速度。例如准备了10台计算机，而每台计算机都安装8个磁盘，那么就可以同时读取80个磁盘中的数据。这就能够应对大数据分析了，而这种存储数据的方式就是分布式存储。

● 分布式存储的结构

分布式存储是在多台计算机上放置磁盘，而应用程序则无需注意到磁盘的分布式放置状态就能够接触到数据。具有代表性的制品是Hadoop项目中的HDFS。下面就通过对HDFS的说明来理解分布式存储。

HDFS是由两个处理过程组成的，分别是负责将数据做分散与保存处理的

DataNode，以及管理数据存储场所的NameNode。

　　首先说明数据的保存方式。HDFS是将文件作为数据来处理，并且将一个文件分割成多个DataNode来保存。而当DataNode发生故障或者在DataNode之间的网络发生阻断时为了保证仍然可以正常使用到数据，会将数据复制三份。这样就可以将一个数据复制到多台计算机上保存起来，从而提高了可用性，这种技术被称为replication（复制）。此外，为了获得对复制数据的读取权限并提高数据读取的吞吐量（throughput），将复制的数据赋予只读副本（read replica）方式。

　　接下来说明数据的使用方式。如下图所示，应用程序在通过文件来接触数据的时候需要使用HDFS客户端。HDFS客户端首先通过NameNode查询放置文件的DataNode群，然后从服务器群中获取构成文件的数据，最终在HDFS客户端统合成一个文件并返回到应用程序。

■ HDFS 的构成

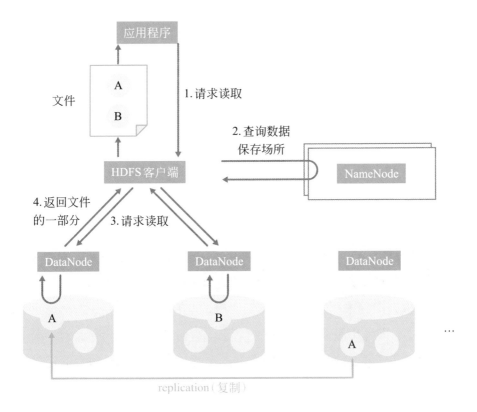

从分布式存储的不同场所进行数据收集的时候，还要引入一个数据本地化（data locality）的概念。按照数据保存场所的远近，最近的是在本地主机上，然后依次是同一LAN内、其他的LAN，更远的则是在其他的数据中心。数据通过复制而保存到多个场所时，通常需要考虑数据本地化，应该尽量能够近距离地获取数据，这样可以有效减少网络传输量。

◉ 分布式存储和面向对象的存储

云端的面向对象的存储也是分布式存储的一种。与HDFS相似，它获取数据的单位也是文件，这些数据被分散保存，并且提供了应用程序可以直接接触到数据的终端节点。与HDFS不同的是，它充分结合了云端的各种机能。例如Amazon Web Services（简称AWS）的S3，在S3中将文件的配置过程通过复制也能够进行其他的操作了。此外，有时为了减少费用而适当降低数据的获取速度或者减少数据的复制数量。提供这种选择性就是为了结合数据的利用方式有效地降低成本。

◉ 结果的整合性

最后再说明一下分布式处理中最需要注意的结果整合性问题。结果整合性问题用一句话来概括就是：加到分布式存储上的变化有可能无法立即显现出来。

在分布式存储中，客户端更新的内容需要复制到多个节点。如果在复制完成之前都不给客户端应答的话，系统整体的吞吐量将非常低。因此，分布式存储是在复制还没有完成之前就给客户端发出了"更新完毕"的信息。这样就有可能会读取到旧的未更新数据，例如客户端1在收到更新完毕的信息之后，如果客户端2立即发出了读取该数据的请求，有可能在分布式存储的情况下应用程序让客户端2读取的是还没有被更新的节点，其结果就是获得的是更新之前的数据。这一可能出现的过程如下图所示。

■ 由于结果整合性问题而导致读取了旧的数据

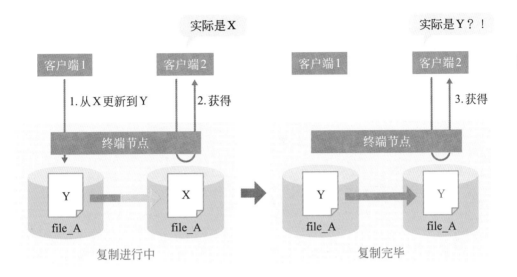

与结果整合性对立的是强整合性。如果是强整合性，数据的各种变化能够立即被反映出来。AWS的S3在数据写入后被读取时就是强整合性，除此之外其他的更新处理和删除处理是结果整合性。而HDFS对所有的处理都提供了强整合性。可见，不同的系统提供了不同级别的整合性，所以在利用分布式存储时应该仔细阅读说明书。

小结

- ▶ 为了消除磁盘瓶颈，应该使用分布式存储，HDFS是代表。
- ▶ 文件被分割后放置在多个节点中，在应用程序中应该使人不必意识到这种分布式的处理。
- ▶ 在使用结果整合性时，数据的变化并不能立即在全体层面反映出来，这一点一定要注意。

3.4 分布式计算
消除处理器瓶颈的技术

当处理器成为瓶颈时，就需要采用分布式计算了。为了进行分布式计算，需要先将数据进行分布式处理。下面进行详细说明。

◉ 处理器瓶颈的消除方法

消除处理器瓶颈的方法有如下三种。

■ 消除处理器瓶颈的三种方法

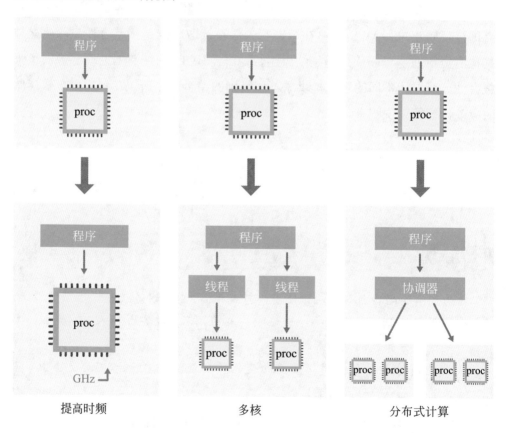

提高时频   多核   分布式计算

第一种方法是加快处理器的处理速度，例如更换成时频更快的处理器。但是由于近年来逐渐达到了半导体集成度的极限，所以处理器的时频很难再有显著提升了。因此这种方法几乎没有效果了。

第二种方法就是利用多核进行程序的处理，因此需要对程序进行修改。当程序并没有根据多核设置而进行设计的时候只能使用单核处理器。操作系统（OS）是以处理片段或者处理线程为单位对CPU进行分割使用的，所以当程序并没有设定多个处理片段或者多个线程的时候，就只能使用单核。

有时候即使程序使用了多核处理技术，但是仍然无法完成计算任务，那么又该如何处理呢？这时候就需要利用第三种方法，即分布式计算了。大数据分析因为需要进行大量的数据计算，所以必须采用分布式计算。

● 分布式计算

如上图所示，当应用程序向协调器提出计算要求时，协调器向多个计算节点发出计算指令，并将最终结果返回到应用程序，这就是分布式计算。最著名的分布式计算就是Hadoop项目的MapReduce，下面对它进行说明以加深对分布式计算的理解。

○ **MapReduce**

http://hadoop.apache.org/docs/stable/hadoop-mapreduce-client/hadoop-mapreduce-client-core/MapReduceTutorial.html

MapReduce就是针对存放在HDFS中的数据分别利用Mapper和Reducer进行计算，使用的是Map和Reduce这两个函数。Mapper在多个计算节点被执行，它通过运行Map函数从所辖的数据范围内抽出必要的部分。此时本地主机上的数据具有优先被处理权。利用Mapper抽出来的数据通过"洗牌"处理后被送至Reducer。Reducer将通过运行的Reduce函数统计结果，最终将结果保存在HDFS。下图显示的是在HDFS上的文本文件中对字母出现次数的统计情况，是通过MapReduce进行计算的。

■ MapReduce 处理的概念图

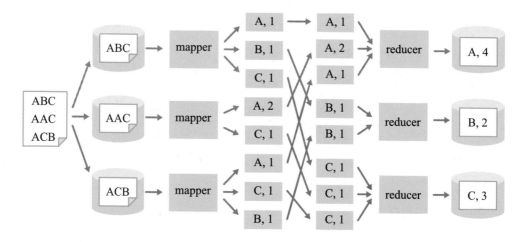

我们并不需要完全记住MapReduce的计算方法，但我们需要理解的是为了达到分布式计算的目的，需要Map和Reduce函数这种可以进行分割计算的操作。现实中并不是所有的数据都能被分割的，因此当然也会存在不能进行分布式计算的情况。例如机器学习中对模型进行预估时，由于是将所有的数据进行矩阵运算处理，因此不能进行分布式计算。我们需要知道有些是不能进行分布式计算的，这一点对于大数据分析是非常重要的。

◉ SQL的分布式计算

其实在现场的时候，上面提到的MapReduce基本上是无法使用的，原因是记述非常困难。与数据打交道最好还是通过SQL，因为科学分析员和数据业务员都能使用SQL，所以需要让SQL具有分布式计算的能力。

在SQL的分布式计算中最有名的是Hadoop项目中的Hive。Hive是在MapReduce上运行的SQL引擎。Hive是将SQL变换成MapReduce函数后进行分布式计算的。

○ **Apache Hive**

https://hive.apache.org

但是要注意，并不是所有的SQL都能很好地进行分布式处理。特别是对于连接（JOIN）和排序（ORDER BY）这样的涉及全体数据的SQL，是很难进行分布式处理的。以排序为例，一个Reducer并无法获得全部数据值，它虽然可以对自己所知的数据进行排序，但后面的工作就只能交给协调器了。协调器不得不去完成所有数据的排序，因此又成为了CPU瓶颈而降低了处理速度。

这不仅仅是Hive的特性，其他的分布式SQL系统也是如此。

◎ 要善于考虑分布式计算方法

对于大数据分析而言，重要的是要考虑计算能否被分割。无论使用哪种分布式处理系统，对被分割的数据进行分布式计算这一点都是一致的。因此，选择分布式处理系统的时候不要被夸大的广告所迷惑，一定要确认计算的实施方法。这里提及的MapReduce和Hive，对于掌握分布式计算的基础是很有帮助的，因此建议读者深入学习。

✎ 小结

- ▷ 当使用多线程和多处理器仍不满足要求时，就要使用分布式计算。
- ▷ 进行分布式计算时，像MapReduce这样可以把计算进行分布式处理的功能是必要的。
- ▷ 并不是所有的计算都能够被分布式处理，一定要注意这一点。

3.5 分布式系统的网络

消除网络的瓶颈

利用分布式存储和分布式计算似乎可以消除磁盘和处理器的瓶颈了。但是如何处理网络瓶颈的问题呢?

⬤ 本地环境下网络瓶颈的消除

在本地环境下遇到网络瓶颈时,最开始应该先绘制出网络的结构图,进而判断出是哪部分引起了瓶颈问题。

例如,我们考虑从业务系统的DB(数据库)中收集在数据池中被分散存储的数据时产生延迟的情况。为了解决这个问题,业务系统的DB需要调查数据流向(直到分布式存储装置)、各网络的带宽,以及网络带宽的使用率。

下图给出了整个网络的结构,由此可以知道哪里出现了瓶颈。图中显示数据收集服务器的IN方向1Gbps通信带宽中被使用了0.8Gbps,因此可以判断这是产生瓶颈的原因(需要注意的是,对于不同的资源而言,IN和OUT的方向是不同的)。

为了解决这一问题,我们可能会想到使用多台数据收集服务器来分散输入的数据,但实际上是解决不了问题的。原因就是在数据流通通道中存在一个1Gbps带宽的网络开关。因此即使增加了数据收集服务器的带宽,从业务系统的DB到数据收集服务器之间的通路中的带宽也不会增加。在这种情况下,就必须要将网络开关更换成带宽更大的开关。

■ 典型网络结构图

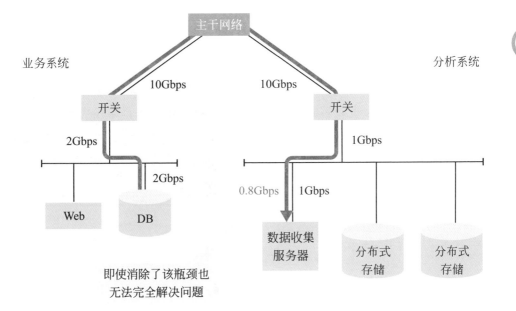

即使消除了该瓶颈也
无法完全解决问题

■ 只消除一部分网络瓶颈是不够的

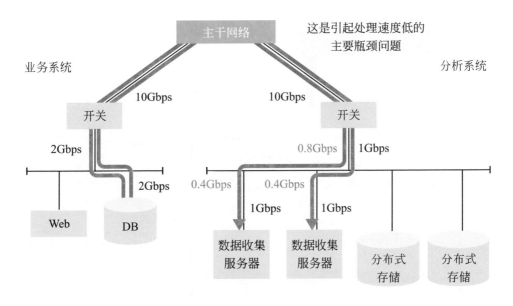

○ 云端网络瓶颈的消除

云端环境和本地环境是一样的，也需要绘制网络结构图，调查数据的流向、带宽，并且要最大范围地了解网络中的带宽使用率。

云端与本地环境也有不同点，就是云端环境中的网络是采用虚拟化的，因此可以比较方便地增加或减少带宽。例如 AWS 的不同规格虚拟机决定了网络带宽是不同的，而更贵一些的虚拟机的带宽也会相对更大一些。

在考虑了这一点之后，再调查网络的瓶颈问题。

■ AWS 的 M5 系列虚拟机的网络带宽

型号	vCPU	内存（GiB）	存储实例（GiB）	网络带宽（Gbps）	EBS带宽（Mbps）
m5.large	2	8	只有EBS	最大 10	最大 3,500
m5.xlarge	4	16	只有EBS	最大 10	最大 3,500
m5.2xlarge	8	32	只有EBS	最大 10	最大 3,500
m5.4xlarge	16	64	只有EBS	最大 10	3,500
m5.8xlarge	32	128	只有EBS	10	5,000
m5.12xlarge	48	192	只有EBS	10	7,000
m5.16xlarge	64	256	只有EBS	20	10,000
m5.24xlarge	96	384	只有EBS	25	14,000
m5.metal	96*	384	只有EBS	25	14,000
m5d.large	2	8	1 x 75 NVMe SSD	最大 10	最大 3,500
m5d.xlarge	4	16	1 x 150 NVMe SSD	最大 10	最大 3,500
m5d.2xlarge	8	32	1 x 300 NVMe SSD	最大 10	最大 3,500
m5d.4xlarge	16	64	2 x 300 NVMe SSD	最大 10	3,500
m5d.8xlarge	32	128	2 x 600 NVMe SSD	10	5,000
m5d.12xlarge	48	192	2 x 900 NVMe SSD	10	7,000

● 从本地到云端的网络通信

　　当需要在本地和云端之间建立通信时，它们之间的网络成为瓶颈的实例是很多的。最多的是业务系统在本地，而本地存储的数据被云端的分析系统收集时经常会发生网络瓶颈。

　　将本地和云端结合的方式有两种，分别是互联网和专用线路。互联网不能保证通信速度，因此如果需要保障稳定的通信速度的话，就要利用专用线路。当然，专用线路的费用是比较贵的。

　　此外，在本地和云端通信时，很多情况下不是直接的物理连接，因此很难维持较宽的频带，其后果就是形成了网络瓶颈。因此在设计分析系统的阶段就要预先估计出数据的传送量，并且对应地准备好带宽。

小结

▫要解决本地环境下的网络瓶颈，可以先绘制结构图再进行调查。

▫云端虚拟机的规格不同，所以网络带宽也不同。

▫从本地到云端的网络连接很容易形成瓶颈。

3.6 资源管理器
支撑分布式处理的资源管理

在分布式处理中为了消除资源的瓶颈，将这些有问题的资源进行适当的分配是非常必要的。实现这一功能的就是资源管理器。

◎ 资源管理器

资源管理器这一名词或许不常听说，但它是分布式处理的重要机能。资源管理器将多台计算机统合成集群并管理所有的资源（主要是CPU和内存），因此它的工作是管理分布式处理。

下面举例说明。例如某个分布式集结的计算需要6核CPU，首先就向资源管理器发出了6核CPU的配额请求，资源管理器就从管理的集群中搜索空闲的6核CPU并完成预约以完成集结处理，而被分割的集结处理就利用这些CPU核进行分布式计算。这个例子是分割CPU核的，对于内存也是一样。

■ 利用资源管理器对CPU进行预约和分配

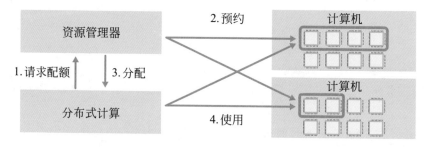

此外，当有多个处理需要同时进行的时候，资源管理器还要承担资源分配的规划任务。例如处理A向资源管理器发出了资源请求，而此时另一个处理B已经使用了大部分的计算资源。这时资源管理器一方面要将能够分配的资源分给A，另一方面还要停止B的工作并将腾出来的资源补充到A的不足部分。

● 资源管理器制品

　　代表性的资源管理器制品是Hadoop项目中的YARN。YARN是将CPU核与内存合成容器，并以此为单位进行管理。它是在每一台计算机中启动一个名为节点管理器的处理，以此来管理CPU核与内存。而用来管理各个节点管理器的是资源管理器，在进行分布式计算的时候由资源管理器完成资源的保障工作。

　　在云端使用分布式处理服务的时候借鉴资源管理器方式也是有用的。例如Google Cloud Platform（以下简记为GCP）的服务BigQuery在通过SQL进行分布式整合的时候，就是以slot为单位进行资源管理的。利用BigQuery发布SQL时需要保障有空闲的slot可用，否则SQL就要等待。

小结

　▣ 进行分布式处理时，利用资源管理器进行资源的管理与分配是必要的。

　▣ Hadoop项目中的YARN就是资源管理器。

　▣ 在使用云端的分布式处理服务时，也是采用了与资源管理器相同的方式。

3.7 分布式处理的开发方式
Hadoop、自行开发、云服务

前面介绍了分布式处理的基础知识，下面介绍在现场时分布式处理是如何实现的。

⊙ 利用Hadoop的分布式处理

在开发分布式处理时，首先应该考虑的是能否选择Hadoop项目中的软件。

Hadoop的正式名称是"Apache Hadoop"。Apache并不是指Web服务器，是指Apache软件财团，它是一个开发开源软件的社区（Web服务器是Apache软件财团的代表性的开源软件之一）。Hadoop项目是Apache软件财团的项目之一，是为了进行分布式处理而开发的各种软件的总称。目前为止介绍的分布式存储用的HDFS、分布式计算框架的MapReduce、分布式SQL的Hive、资源管理器YARN等，都是Hadoop项目中的一部分。

Hadoop项目是专门为进行分布式处理而开发的软件，所以利用Hadoop项目中的软件几乎能完成所有的分布式处理。MapReduce是利用Java语言编写的，而只要是Java能够计算的就一定能进行分布式计算。到目前为止我们已经介绍了分布式存储、分布式计算、资源管理器，后面还要介绍对分布式系统设定进行一元化管理的Zookeeper软件，以及能够快速响应的操作大数据的键值存储（key-value store）HBase。

需要指出的是，即便像Hadoop这样能应对任何情况的分布式处理，也存在一个很大的不足。那就是Hadoop是为了保证能够应对多达100台规模的分布式计算而设计，因此必定是非常繁杂的，运用起来也并不容易。如果Hadoop只是在数十台规模程度上使用，那么Hadoop分布式处理在硬件上节省的费用，将远远比不上Hadoop本身在运营上的人事费，最终经费的使用效率反而是下降的。

　　实际上，在业务现场很少有超过100台规模的分布式处理。我们在分析那些每日必看的Web网站或者充满人气的智能手机应用程序的数据时或许需要使用100台规模，但对于那些普通企业的商品网页或者一般的手机应用程序而言，数十台分布式处理的规模就足够了。而如果真的是采样这种一般规模的分布式处理，就可以很好地通过云端自己去开发。因此目前使用Hadoop的越来越少了。

○ 自行开发的分布式处理

　　对于数十台规模的分布式处理，即简单处理的话，与其使用Hadoop反倒不如自行开发。例如将数据池中存放的Web网站访问记录文件解析后以表形式的数据存入数据仓库的处理过程，只要有处理文件的Worker、能够实现并行的队列，以及管理器，就可以完成了。

　　具体而言，管理器用来监测数据池中的文件，只要来了新文件就在队列中插入任务。Worker用于监测队列，看到任务就去处理。

■ 自行开发的分布式处理

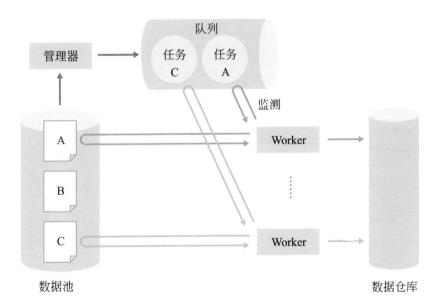

如果能够利用云端的话，将很容易开发出这一分布式处理系统。队列可以交给云端的托管服务（managed service）系统，Worker 的横向扩展（scale out）可以通过云端的自动缩放（autoscaling）或者无服务器功能来比较容易地实现。

自行开发分布式处理系统相对比较简单，但是执行起来还是有难度的。这是因为要应对各种异常情况，例如一部分 Worker 的负担变得非常集中、Worker 突然停止、队列溢出等。如果是使用 Hadoop 的话，这些都是很容易应对的，而如果是自行开发的话，就需要考虑到方方面面。

● 能够进行分布式处理的云服务

从上面的内容可以看到，无论是利用 Hadoop 还是自行开发分布式处理系统，都不是很轻松。有没有比较轻松的方法呢？其实是有的，例如使用云服务来完成分布式计算。

AWS 的 Redshift 以及 GCP 的 BigQuery 等的数据仓库服务都是可以对 SQL 进行分布式处理的，还可以运行用户自定义函数，因此仅仅使用数据仓库服务就能够完成任务了。

此外，还有托管 ETL 服务。AWS 的 Glue 以及 GCP 的 Cloud Data Fusion 等都是托管 ETL 服务，可以完成数据的抽出、变换、插入等工作。

如果能够活用上面提到的这些软件制品，就可以在不增加运行负担的情况下获得分布式处理的能力。我们将从第 5 章开始介绍这些系统组成各异的软件制品。

最后还要指出，无论使用哪种制品，本章介绍的这些基础知识都是非常有用的。应该在开发和使用系统的时候牢记如何分析瓶颈，以及如何通过分布式处理来消除瓶颈的这些思想。

小结

▷ 使用 Hadoop 可以进行任何情况的分布式处理。但是当分布式处理是在 100 台规模的时候，运用起来将很有难度。

▷ 如果分布式处理的规模较小并且不复杂，可以考虑自行开发分布式处理系统。

▷ 利用云端的分布式处理服务时，也不要忘记分析瓶颈并且要消除瓶颈。

第 **4** 章

机器学习的基础知识

机器学习是大数据分析必备的技术之一。

在理解机器学习的基本原理和活用方法后，

才能够真正地导入系统。

Chapter 4

4.1 机器学习
对变换成向量的数据进行处理的函数

机器学习并不是万能的工具，它只是在进行数值计算。只有在正确认识机器学习的基础上才能够让系统有选择地去利用机器学习。

⊙ 机器学习的种类

机器学习主要有四种，分别是有教师的机器学习-回归、有教师的机器学习-分类、无教师的机器学习，以及强化学习。

■ 机器学习的种类

处理	主要用途	举例
有教师的机器学习 - 回归	基于已有数据，对数值进行预测	预测销售额、预测客户是否会流失
有教师的机器学习 - 分类	数据分类	依据年龄对客户进行分类、将照片中的事物分类
无教师的机器学习	从数据中获取特征	发现希望同时购买的商品、发现具有相同特征的数据
强化学习	根据自己的判断对所作出的决策给出奖励或处罚	在围棋比赛中战胜职业选手、代替人类的工作

有教师的机器学习-回归：基于过去的数据对未来数据的数值进行预测。

有教师的机器学习-分类：它与"有教师的机器学习-回归"相同的是它们都是基于过去的数据预测未知的数据，不同之处在于它预测的不是数值，而是预测数据属于哪一类。例如，将客户的操作过程作为输入数据，进而对客户的性别进行分类。

无教师的机器学习：与有教师的机器学习不同，无教师的机器学习并没有明确到底要预测出什么。它是从大量的数据中寻找出规则性和相似性，根据数据的特征进行聚类或完成分类。最著名的例子就是将客户在超市的购买履历进行无教师的机器学习，其结果是发现了很多人同时购买了尿布与啤酒。通过掌握这种数据间的关系，我们能够完成很多工作。

强化学习：有教师的机器学习是直接明确地给出了正确数据，而强化学习则是根据不同状况对做出的行动判断对错后分别进行奖励或处罚，因此这种学习采取的是一种间接形式的反馈。当学习结束后，以自行判断的方式确定下一步的行动。因此有时也称这种学习为人工智能。例如在围棋中运用强化学习，在盘面上赋予每一步有利和不利的点数，要朝着点数高的方向进行强化。这种学习需要进行很多次的循环操作，进而产生了战胜人类的围棋程序。

虽然无教师的机器学习和强化学习也有很多应用，但本书涉及的在商务上的活用事例主要是有教师的机器学习-回归和有教师的机器学习-分类，因此只介绍这两种。

● 有教师的机器学习–回归

有教师的机器学习-回归是一种数值预测方法。下面举一个例子，是从企业的主页显示数来预测企业销售额的事例。

首先获得目前为止主页上的显示数和销售额并作为学习数据。此时的主页显示数就是输入，而希望预测的是被称为目标变量的销售额。

对于未知的输入如果我们希望获得目标变量值，这就需要求解导入函数f。这个函数被称为模型。

有教师的机器学习是从大量的数据中求取满足这些数据因果关系的模型，这就是模型的预估。如下图所示，假设模型是一个一阶函数$t=ax+b$，求取最适

合的 a 和 b 就是在预估这个模型，a 和 b 被称为参数。如果这些参数是已知的，就可以针对未知的输入来计算目标变量值了，也就是可以进行预测了。

■ 有教师的机器学习－回归中的常用词和结构

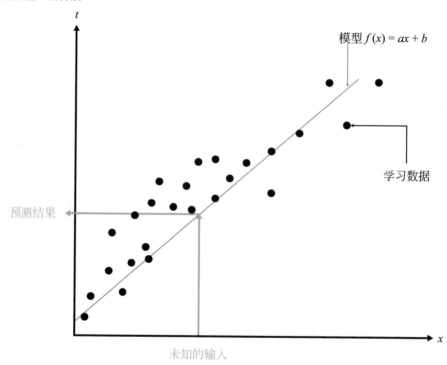

目标变量＝销售额

模型 $f(x) = ax + b$

学习数据

预测结果

未知的输入

输入＝主页显示数

　　如果不只是将主页的显示数作为输入，同时也希望将客户的数量作为输入的话，那么主页的显示数就记为 x_0、客户的数量记为 x_1，模型就变成了有三个参数 a、b、c 的 $t=ax_0+bx_1+c$。如下图所示，此时的函数 f 就成为通过输入二维向量（x_0，x_1）来计算目标变量 t 的函数。如果还希望继续增加输入数据的话，执行过程是一样的。

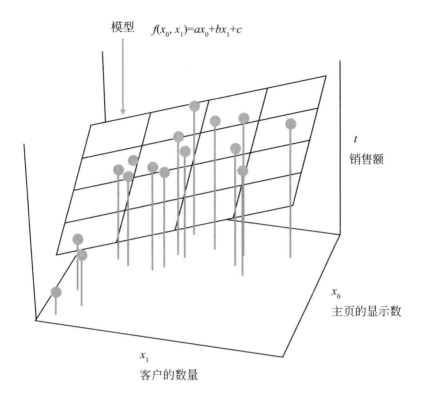

模型　　$f(x_0, x_1)=ax_0+bx_1+c$

t
销售额

x_0
主页的显示数

x_1
客户的数量

　　上面只是举了一个简单的例子，但是它与在业务现场使用的系统在原理上是相同的。

　　这种使用一次函数构成的回归被称为多重回归分析，在业务现场是经常被使用的。结合后面的论述可以知道，比起复杂的方法，一次函数预估的模型参数简单易懂，业务负责人也能很容易地理解。

◉ 有教师的机器学习 – 分类

　　对于有教师的机器学习-分类，输入是用数值向量表示，计算的结果就是预测输入属于哪一类。如果计算结果只有两类，那么就可以将计算结果判定为真或假，也可以计算出属于哪一类的概率。下面举例说明对图像的分类过程。

　　图像分类的输入是图像中的像素信息，计算结果是属于哪一类的概率。输入是从图像的左上角开始到右下角，逐个将每一个像素的RGB（红、绿、蓝）值存入一个向量中。如下图所示，通过一个具体的例子来说明。假设图像中的水果是苹果、蜜柑、香蕉这三种之一。如果计算结果是向量（0.1，0.8，0.1），这是图像中的水果分别属于这三类的概率值。具体而言，就是图像中的水果以10%的概率属于苹果，以80%的概率属于蜜柑，以10%的概率属于香蕉。

■　有教师的机器学习 – 分类：图像分类

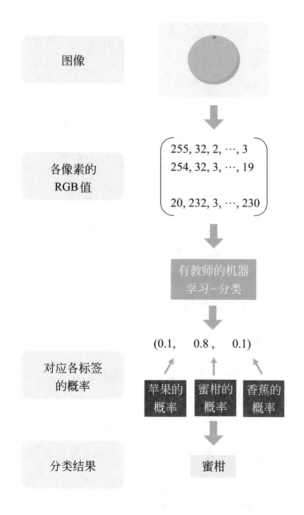

这里要指出的是，最终的分类结果还是要依赖于业务上的判断。例如对于（0.1，0.8，0.1）这一计算结果，画面中的水果为蜜柑的概率是最高的，如果实际就是蜜柑的话就没有任何问题了。但如果计算结果是（0.1，0.5，0.4），最好是给出无法分类的结论（这是因为图像中的水果属于蜜柑和香蕉的概率非常接近）。

> **小结**

> ▷ 机器学习就是通过输入的数值向量进行计算，分为有教师的机器学习-回归、有教师的机器学习-分类、无教师的机器学习，以及强化学习。
> ▷ 有教师的机器学习-回归是通过输入的数值向量计算目标变量。
> ▷ 有教师的机器学习-分类是从输入的数值向量来判断输入是属于哪一类。

4.2 数据的准备和预处理
机器学习的开发过程（前篇）

要想让机器学习真正地发挥作用，有很多的工作要做，模型预估只是其中之一。我们应该从全局角度去理解机器学习并且对机器学习有一个总体的概念。首先介绍数据的准备和预处理。

◉ 机器学习中的数据

进行机器学习的第一步是准备好用于机器学习的数据，包括输入数据和与其对应的正确的结果。

要知道，并不是所有的学习数据都已经为你准备好了，因此我们必须有意识地自己去准备这些数据。

例如，我们希望根据客户的操作记录有针对性地向他们分发优惠券，但是对于那些目前为止还没有发送过优惠券的物品就无法进行机器学习。所以我们为了准备学习数据，有必要在一定时间之内随机地为不同客户分发各种不同类型的优惠券。又因为以前分发优惠券而获得的学习数据并不能保证今后仍然是处于同一条件之下，所以要不停地收集这些学习数据。

再举一个例子。例如在图像分类中，我们需要逐个标记出图像中出现的各个事物的名称。如果还需要定位的话，就不但要标记出事物的名称，还要标记出事物出现的坐标。这一工作被称为标注（annotation，也可以叫做注释）。标注的工作量是巨大的，我们可以使用一些标注专用工具软件，也出现了承接标注服务的一些外包公司。如何快速、准确地标注也成为了机器学习领域中的一个研究热点。

代表性的标注工具是Amazon SageMaker Ground Truth。利用Ground Truth，不但能够在浏览器上完成标注的工作，还可以为操作者分配工作量和管理工作进度。

在下图中将图像中的水果种类和位置都变换成了数值。

■ 为进行物体定位和分类而做的标注工作

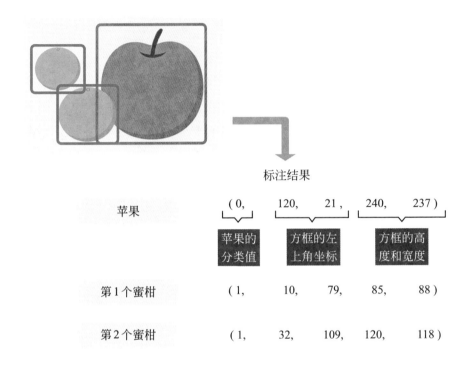

标注结果

苹果	(0,	120,	21 ,	240,	237)

	苹果的 分类值	方框的左 上角坐标	方框的高 度和宽度

第1个蜜柑	(1,	10,	79,	85,	88)
第2个蜜柑	(1,	32,	109,	120,	118)

◉ 预处理和特征量抽出

准备好机器学习用的数据之后，下面就是数据的预处理和特征量的抽出。

被保存在数据仓库中的数据在大多数情况下是不能直接进行机器学习的，需要对数据进行变换，这就是预处理。例如将日期变成星期几的数字形式、将年龄以10岁为间隔进行划分等。此外也需要将交易数据并入到主数据中。还有就是机器学习的输入数据应该是数值向量，而实际的数据大多是字符串、常数、文本、声音、图像等，这些都不是数值，必须将它们变换成数值向量。这里提到的数值向量和高等数学上的向量是一样的，它是由很多数值组成的一个数据结构。在不同的编程语言中，如果我们已经了解了由整数型或其他类型数据组成的数组，那么就很容易理解数值向量的概念了。

在完成了预处理之后，下面的工作就是特征量抽出。我们可以这么理解，如果将已有的所有数据都直接作为机器学习的输入，那么精度会很低。例如在预测客户流失情况时，如果我们将客户最近10次的登录时间（unix时间）做成一个数值向量，由于这种做法并没有提取数据的特征，因此并不是好的输入数据。最好是将客户上面的这些登录记录变换成下面的数据：最近登录的时间间隔、本周的登录次数等。这些数据才能够很好地体现客户的特征。这种表示数据特征的数值就是特征量。而特征量的抽出是要在对业务特性理解的基础上进行多次试错后才能成功的，它具有一定的难度，因此也被称为特征工程。

■ 特征工程的例子

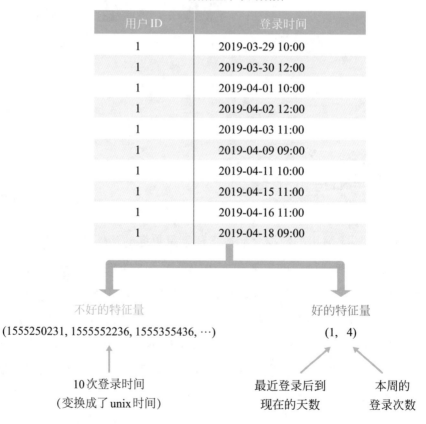

数据仓库中的数据

用户 ID	登录时间
1	2019-03-29 10:00
1	2019-03-30 12:00
1	2019-04-01 10:00
1	2019-04-02 12:00
1	2019-04-03 11:00
1	2019-04-09 09:00
1	2019-04-11 10:00
1	2019-04-15 11:00
1	2019-04-16 11:00
1	2019-04-18 09:00

不好的特征量

(1555250231, 1555552236, 1555355436, …)

10次登录时间
（变换成了unix时间）

好的特征量

(1，4)

最近登录后到
现在的天数

本周的
登录次数

○ 训练数据、验证数据、测试数据

在完成了预处理和特征量抽出之后，要将这些学习数据分成训练数据、验证数据和测试数据。

训练数据是指在预估（训练）模型的计算过程中使用的数据，然后通过验证数据对模型的结果进行评价。当模型被预估之后，还要使用所有未被利用的测试数据对精度进行最终评价。将测试数据和验证数据分开的理由是：训练好的模型即使能够完美地预测验证数据，但很多时候对于验证数据以外的其他数据却不能很好地预测出来。因此，如果模型能够针对从未用过的测试数据都得出很好的结果，那么这个模型的普适性就非常强了。

到此为止训练模型的准备工作基本就完成了，可见机器学习的准备工作是比较繁琐的。我们经常说到"数据科学家80%的工作是在做准备"，确实如此。

✎ 小结

▷ 用于机器学习的数据的准备工作是繁琐的，有很多涉及这方面服务的应用程序和公司。

▷ 预处理和特征量抽出也是比较繁琐的，特征工程因此备受瞩目。

▷ 数据科学家的大部分工作是数据的准备、预处理、特征量的抽出。

4.3 模型预估与系统化
机器学习的开发过程（中篇）

数据准备好之后就要进行模型的预估了，而模型预估之后如果不置于系统之中也是没有意义的。

◉ 模型预估

在完成了机器学习的准备工作后，现在开始做模型的预估。

我们要利用训练数据和验证数据进行模型的预估，利用测试数据评价结果，进而不断地改善模型和特征量以提高模型的精度。这一过程就是学习。学习的框架和过程现在有很多库文件和平台都可以提供，基本上都是在自动地运行了。

◉ 超参数调节

模型预估是一个复杂的计算过程，很多因素都能够影响到模型精度。例如学习次数、搜索参数时所使用的算法、搜索参数到什么阈值时学习结束等。我们将模型本身参数之外的因素称为超参数，将调试各种超参数的过程称为超参数调节。现在也有很多便利的超参数调节用的库文件和平台。

◉ 系统化

在模型被预估完成后，就要将它组合到系统之中。

将模型系统化的方法大致可分为三类，分别是：①模型预测和提供结果都采用批处理方式；②模型预测和提供结果都采用在线方式；③模型预测是采用批处理，提供结果是采用在线方式。本书分别称之为批处理方式、在线方式、混合方式。

批处理方式：广告发送的利益最大化就是典型的批处理方式的例子。将最有可能被点击的广告以批处理形式发送给特定的客户，这就是广告发送利益最大化。首先是将数据仓库中的数据整理后做预处理和特征量抽出。然后将计算结果变换成业务上的目标，通过广告发送系统的推送，让客户在最适合的时间看到最适合的广告。

■ 机器学习的系统化之批处理方式

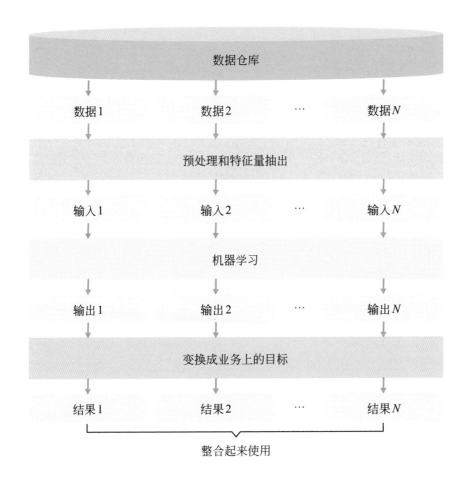

在线方式：当得知客户在网上购物产生犹豫时就发给客户优惠券，这是在线方式的典型例子。具体做法就是将客户在网页上鼠标的操作等作为输入数据，实时地预测客户犹豫的概率。这一过程是通过API进行预处理、特征抽出和预测的。它与批处理方式的不同之处是在线方式能够完成快速响应的处理工作。

■ 机器学习的系统化之在线方式

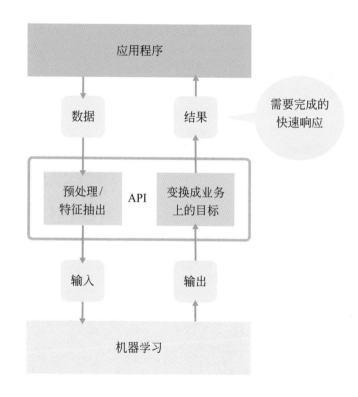

混合方式：典型的应用场景就是不必追求实时性的商品推荐系统。不动产搜索网站在发现商品不怎么变化的时候，就会提醒从事推荐工作的人员要在夜间以批处理方式针对所有的客户去预测他们喜爱的商品，这样就能保证当客户再来网站检索时可以根据预测结果直接给他们展现推荐的商品。由于预测结果需要很快地被检索出来，所以一般都将数据放置在响应速度很快的NoSQL中。

NoSQL是分布式数据库的一种，也是对一类数据库的总称，即能够通过简单的查询快速地操作分布式数据的数据库。

■ 机器学习的系统化之混合方式

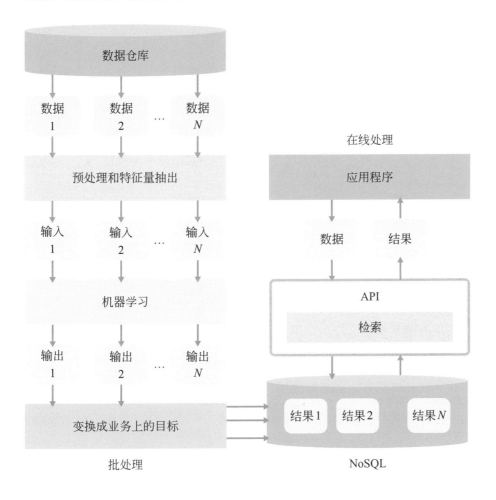

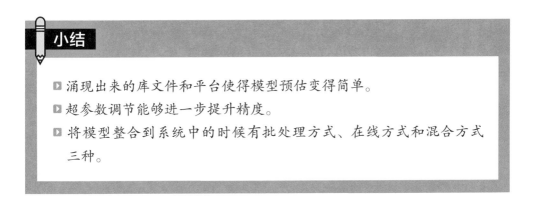

小结

▶ 涌现出来的库文件和平台使得模型预估变得简单。

▶ 超参数调节能够进一步提升精度。

▶ 将模型整合到系统中的时候有批处理方式、在线方式和混合方式
  三种。

4.4 正式发布与性能提升
机器学习的开发过程（后篇）

在准备好机器学习系统之后立即正式发布是存在危险的，一般都是要进行AB测试。而且发布后的系统也要每天进行监测并且还要继续提高它的性能。

● 正式发布与AB测试

在完成高精度的模型并且已经系统化之后就是正式发布了。对于新系统是可以轻松发布的，而更新那些已经在运行的系统时还有很多注意点。

当现有的系统在运行时，也就是现有的模型正在进行处理的时候，我们不建议此时更换模型。这是因为虽然新模型在计算上能够获得更高的精度，但是如果此时将新模型整合到系统的话，有可能直接影响效果。例如对于商品推荐系统中的那些客户点击率较高的商品的画面，在进行模型替换过程中极有可能被邻近的广告覆盖，或者在点击后出现异常。

解决这些可能无法预见的问题的方法就是进行AB测试。AB测试是指在当前运行模型的预测结果中少量混入新模型的预测结果，以此来检验是否对客户的行为产生不好的影响。例如在线方式下，将客户传来的90%的请求由现有的模型去计算，10%由新模型去计算。

如果新模型的预测结果能够导致客户的高点击率，那就确定它是成功的，这样再用它完全替换原来的旧模型。

■ 在线预测的 AB 测试

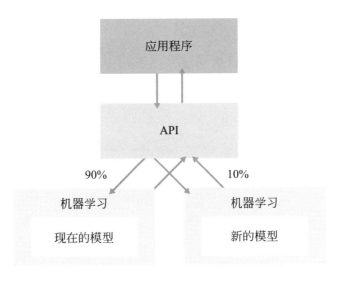

◉ 监测

　　新的模型正式发布之后，工作也没有完全结束。

　　发布的模型能否确实为企业盈利，这还需要通过监测来确认。即使模型发布后的效果非常好，也会随着业务的变化逐渐变差，一般在半年后也就能够达到刚刚发布时的一半效果。我们知道，机器学习在训练时的数据应该与实际使用的数据在性质上是相同的，这样的模型才有效。但实际的情况往往是随着业务的变化，数据的性质会发生改变，但是如果模型没有随之变化的话，模型效果就会变差。

　　为了避免出现这一问题，就需要对系统进行监测。具体工作就是定期地保存并分析机器学习的预测结果和对实际业务产生的效果。如果效果是变差了就要发出警告。

　　监测这一工作看起来简单，但是运用到实际系统时就会发现并不容易。例如在商品推荐系统中，我们要随时观察为客户推荐的商品是否对企业提高利润产生了好的效果。

■ 监测商品推荐系统产生的效果

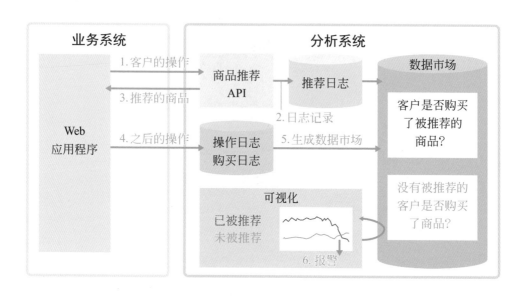

如上图所示，首先是从 Web 应用程序向商品推荐 API 中输入客户的操作日志，然后再将计算出的推荐商品返回 Web 应用程序。此时，给哪位客户推荐了哪些商品的这些信息都要保存在推荐日志中。到此为止的工作还是简单的，下面就要变得复杂了。需要将看到被推荐商品后客户的操作过程全部记录下来，也要保存客户在 URL 上的点击日志。还要记录该客户最终是否购买了商品，因为在 URL 上的点击信息不足以确认是否购买，因此还要调用 Web 应用程序的 DB 中保存的购物履历表。这两个数据被分析系统提取后，再结合前面的推荐日志就能够确认是否是因为商品被推荐而促使客户完成了购买行为。我们将"推荐商品后客户是否购买"以及"未被推荐商品的客户是否购买"这些信息都做成数据市场。现在观察这两个数据市场，如果被推荐商品后客户的购买率下降到与未被推荐商品的客户购买率相当的程度，就说明推荐已经没有什么效果了，此时系统必须发出警报以便对其进行更新。

现在感觉到这一系统的复杂性了吧？如上图所示，不仅仅是分析系统，就连业务系统也被涉及了，可见这是一个大规模的系统。当然在现场可能并不具备如此严密的团队来负责系统的开发与维护，但是如果不做到这种程度确实很难完全展现出机器学习的效果。

⊙ 性能提升

当监测到精度在下降时，就要将模型的精度恢复到之前的程度，这就是模型的增强。增强意味着提高，就是要追加机能和提高性能。

利用最新的学习数据对模型进行修正有可能会提高精度，但随着业务的变化还有可能必须从特征量开始重新进行设计，而这就要让数据科学家进行再设计了。

然而有可能开发机器学习初期模型的科学家已经离任，而现在的成员无法完成模型的再设计。要知道由于近年机器学习成为热点，数据科学家成为热门职业，他们的工作包括了很多内容。模型的初期构建工作是令人振奋的并且也能够获得进展，但是后面的增强工作就不那么吸引人了。而且有时候模型是委托机器学习的专门企业给做成的，完成后合同就结束了，后续的维护工作仍然无法解决。

为了避免出现这一问题，最好是让初期构建系统的数据科学家能够继续完成后面的增强工作，这是最彻底的解决方法。因此不要忘记在开始工作之前就与数据科学家达成协议。

✎ 小结

▣ 完成系统的开发后不能立即投入使用，需要根据业务的效果做AB测试来确认。

▣ 每天都要监测系统模型是否有变差的趋势。

▣ 为了增强模型性能，需要最初构建模型的数据科学家继续完成后面的工作。

4.5 深度学习
引发机器学习热潮的火种

再次引发机器学习热潮的火种就是深度学习。机器学习技术在20年前就已经出现了，深度学习又是一种什么情况呢？

◎ 机器学习是用数学公式来表示的

要想理解以深度学习为核心的机器学习，就要利用数学公式。本书尽量简单地加以说明，因此数学公式虽然令人头疼，但稍加努力还是没有问题的。

本章第1节提到了有教师的机器学习-回归的例子。有两个输入，分别是主页的显示数x_0、客户数x_1，我们利用模型求取销售额t。模型采用一次函数$t=ax_0+bx_1+c$，表示成$f(x_0, x_1)=t$。

现在考虑n个输入的有教师的机器学习-回归。如下图所示，模型就是通过这n个输入求取t的函数，记为$f(x_0, x_1, \cdots, x_n)=t$。

下面考虑有教师的机器学习-分类。分类的结果就是计算被分到每一类的概率。如果有m个分类的话，输出就是$(y_0, y_1, \cdots, y_m)$，模型函数就是$f(x_0, x_1, \cdots, x_n)=(y_0, y_1, \cdots, y_m)$。

	回归 1 个输出	分类 m 个输出
2 个输入	$f(x_0, x_1) = t$ $x_0 \longrightarrow$ f $\longrightarrow t$ $x_1 \longrightarrow$	
n 个输入	$f(x_0, x_1, \cdots, x_n) = t$ $x_0 \longrightarrow$ $x_1 \longrightarrow$ f $\longrightarrow t$ $\vdots$ $x_n \longrightarrow$	$f(x_0, x_1, \cdots, x_n) = (y_0, y_1, \cdots, y_m)$ $x_0 \longrightarrow$ $\longrightarrow y_0$ $x_1 \longrightarrow$ $\longrightarrow y_1$ $\vdots$ f $\vdots$ $x_n \longrightarrow$ $\longrightarrow y_m$

◉ 深度神经网络

深度学习是利用深度神经网络来计算模型函数 f。也就是说，无论是深度神经网络还是刚才提到的一次函数，对于机器学习的计算而言其任务是相同的。

■ 无论是一次函数还是深度神经网络，整体看是相同的

	回归 $f(x_0, x_1, \cdots, x_n) = t$	分类 $f(x_0, x_1, \cdots, x_n) = (y_0, y_1, \cdots y_m)$
一次函数	$x_0 \longrightarrow$ 一次函数 $\longrightarrow t$ $x_1 \longrightarrow$	$x_0 \longrightarrow$ $\longrightarrow y_0$ $x_1 \longrightarrow$ 一次函数 $\longrightarrow y_1$ $\vdots$ $\vdots$ $x_n \longrightarrow$ $\longrightarrow y_m$
深度学习	$x_0 \longrightarrow$ $x_1 \longrightarrow$ 深度 $\vdots$ 神经网络 $\longrightarrow t$ $x_n \longrightarrow$	$x_0 \longrightarrow$ $\longrightarrow y_0$ $x_1 \longrightarrow$ 深度 $\longrightarrow y_1$ $\vdots$ 神经网络 $\vdots$ $x_n \longrightarrow$ $\longrightarrow y_m$

然而一次函数和深度神经网络的计算复杂程度是完全不同的。要想理解深度神经网络的计算方法，就要先理解什么是神经网络。

神经网络是模仿人的神经细胞的一种计算方法。神经细胞（neuron）的输入是电信号，由这个神经细胞自己决定是否将电信号传给另一个神经细胞。如果用数学公式表示，如下图所示，输入是x_0和x_1，计算结果是y。

■ 模拟神经细胞的计算

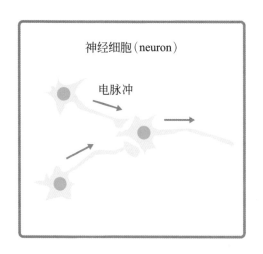
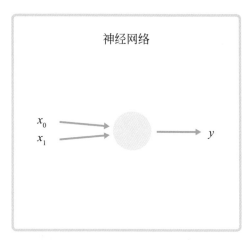

由这一基本结构组成的网络就是神经网络。建立多层并有连接的神经网络就是深度神经网络。利用深度神经网络进行计算就是深度学习。

■ 神经网络与深度神经网络

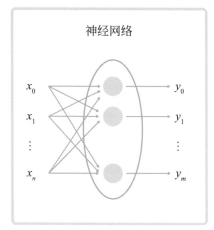
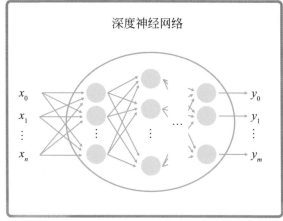

◉ 深度学习备受重视的理由

深度学习的计算力是很强的。能够将图像中的人与物进行确定、将声音变成文字、在围棋比赛中战胜人类，这些都是深度学习的成果。但是在以前，用于深度神经网络计算的处理器速度很慢，并且无法获得大量的用于深度学习的数据，所以很难实用化。

近年来，由于磁盘越来越便宜，并且分布式处理技术逐渐发展并成熟起来，所以能够存储和使用大量的用于学习的数据了。GPU和机器学习专用处理器也被开发出来并能很方便地使用，使得深度神经网络的计算成为可能。因此，深度学习才能够广泛地被用于企业的业务活动。

小结

▷ 一次函数和深度神经网络承担的角色是相同的。
▷ 神经网络有它的计算方法，多层的神经网络就是深度神经网络。
▷ 大量的数据能够被使用和处理器的升级使得深度学习成为热点。

4.6 机器学习工具
工程师必备的几个重要工具

伴随着机器学习的热潮，机器学习的工具也充实起来了。在此介绍数据科学家都会使用的一些基本工具和便利的自动化工具。在了解了基于深度学习的机器学习基础知识之后，让我们接着了解一些适合的开发工具吧。

● Python

Python 是不需要编译的轻量型编程语言，被认为是最适合机器学习的编程语言。这是因为它拥有大量便利的库文件，最重要的库是 NumPy 和 Pandas。

NumPy 是数值计算库，利用它能够非常简单地完成机器学习所必需的向量和矩阵运算。Python 的机器学习库是以 NumPy 的数据结构为前提做成的，因此不能没有 NumPy。此外，Matplotlib 库能够绘制 NumPy 数据结构，可以非常容易地绘制函数和数据。

Pandas 是支撑数据解析的库。Pandas 从各种数据库中载入数据后进行数据操作，然后将其保存于特殊的数据架构中。对于这些被保存的数据，它能够补充好缺损的部分，也能简单地完成行或列的变换，因此最适合应用于数据的预处理和特征工程之中。

● Jupyter Notebook

Jupyter Notebook 是基于浏览器的应用程序。它不仅可以容易地在浏览器上执行程序，还可以对程序进行说明以及对执行结果进行管理。下面通过一个画面来形象地加以说明。

■ Jupyter Notebook 的画面

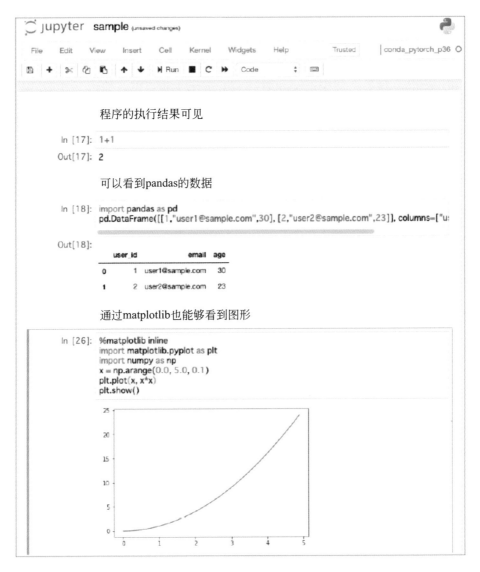

这样写完程序就可以直接显示出执行结果了。执行结果如果是Pandas的数据架构，就能够自动地变成表的形式。如果使用Matplotlib的话，还可以绘制图形。Jupyter Notebook还可以使用Python以外的编程语言，但是由于Python是非常适合机器学习的，所以一般都是使用Python的执行环境。

机器学习的开发并不只是编写程序，执行结果及其说明文档都是成果。这些成果包括输入数据的采集、模型函数的形状、表示预测精度的曲线等，并且需要进行管理。而这些正是Jupyter Notebook能够应对的。

最近也出现了很多以Jupyter Notebook为中心的非常便利的服务和项目。例如GitHub就为以源代码形式存储的Jupyter Notebook提供了文件的预览功能，而Google公司为在Google Drive中存储的Jupyter Notebook提供了可分享的Colaboratory服务。而Notebook具有和Jupyter Lab IDE（综合开发环境）相似的功能。

■ Colaboratory 分享 Notebook 的样子

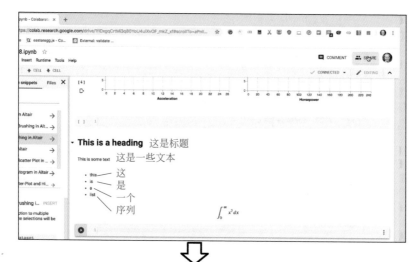

⊙ SageMaker

SageMaker是可以在AWS上利用的完全支持机器学习的服务。SageMaker几乎提供了完成前面提及的开发机器学习的所有工作的工具。

在生成学习数据的部分，它不仅是给图像做标注（注释）的工具，还可以通过AWS订购完成注释的Worker的服务。对于从特征工程开始的模型开发部分，在AWS上可以使用被托管的Jupyter Notebook服务。对于模型预估，在向SageMaker提供学习数据和机器学习程序之后，启动搭载GPU的虚拟机以完成模型的预估。同样，它还支持超参数调整。可以对开发的模型做版本的持续管理。对于系统化这一步，它提供在线可用的API，并且随着API处理量的变化而自动地进行横向扩展。

因为在业务现场要管理机器学习的整个过程，所以我们希望SageMaker尽量能够完成更多的工作，这样可以省去大部分精力。因此，对于这种类型的软件在功能上不仅是模型的预估，支持机器学习全过程的服务需求也在与日俱增。

■ SageMaker 的画面

○ DataRobot

DataRobot 是 DataRobot 公司的机器学习制品。

利用 DataRobot，用户可以将电子表格的数据上传，然后指定对哪一列进行预测，就可以自动地完成特征量抽出和机器学习并得到预测结果了。

■ DataRobot 的画面

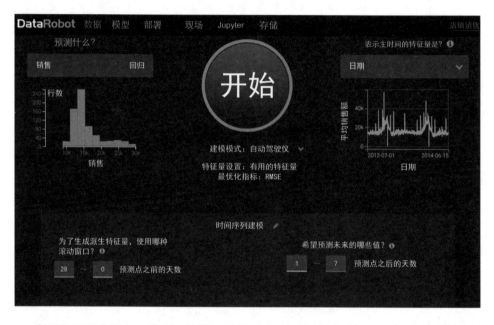

从画面可以看出，选择预测的列之后点击开始按钮就可以自动进行模型预估和预测结果了。

DataRobot 的特点是可以允许多个机器学习算法同时进行，并且自动地选择精度最高的算法。

在业务现场，对数据仓库中以表形式存储的数据进行简单预测时也可以使用该软件。在使用最新算法获得的模型精度不需要非常高的情况下，数据科学家可以考虑利用 DataRobot 以大幅消减工时。

DataRobot 当初是作为有教师机器学习的自动化工具出现的，现在也实现了针对时间序列的预测功能，是一个不断发展的产品。

✏️ **小结**

▷ Python因为有大量便利的机器学习库可供使用，所以成为了默认的标准。

▷ Jupyter Noteook除了可以管理程序以外，也能管理执行结果和说明文档。

▷ SageMaker和DataRobot等优秀工具陆续出现，在使用时应该根据实际需要进行选择。

4.7 科学分析员与工程技术员的不同角色

系统化与数据准备等大量的工作

前面介绍了机器学习的各个方面，本节整理一下科学分析员与工程技术员在机器学习中承担的不同角色。

◉ 科学分析员与工程技术员在工程上的角色分担

下表从工程的角度列出了科学分析员与工程技术员各自承担的不同角色。

■ 科学分析员与工程技术员的角色分担

工程	科学分析员	工程技术员
数据仓库的准备	无	全部工作
预处理和特征量抽出	开发	提供笔记本电脑等硬件资源和分布式处理的基盘
学习数据的准备	进行实际工作	提供工具和平台，对实际工作的支持
模型预估	开发	提供计算资源和笔记本电脑等硬件
系统化	调整业务侧，开发应用程序	整体设计，准备好中间件和网络
AB 测试	进行实际工作	提供 AB 测试工具
系统的发布	调整业务侧，开发	整体设计，准备好基础设施，代码管理，完善发布过程
监测与增强	调整业务侧，开发应用程序	整体设计，准备好基础设施，每日的运作与维护

下面按照上述表格的步骤逐一进行说明。

将数据放置在数据仓库，以及对这些数据和元数据的管理工作都是由工程技术员负责的。

对于预处理和特征量抽出，工程技术员需要向科学分析员提供笔记本电脑等硬件设备。在数据非常多的时候因为需要进行分布式处理，还要完成能够分布式地进行预处理和特征量抽出的工作。利用SQL完成预处理和特征量抽出会简单一些，但对于SQL无法完成的工作要由Python去完成，此时工程技术员还要准备Python分布式处理的一些工作。如果没有比较合适的产品，工程技术员还要向科学分析员提供可以运行Python横向扩展的虚拟机，这样科学分析员就可以自己去分割数据并完成并联处理了。

在准备学习数据时，工程技术员一般要准备好注释工具和注释平台。当实际的操作人员不足时，工程技术员也要参与注释的工作。

对于模型预估，提供机器学习用的高速计算资源是必须完成的。大多数情况下搭载GPU的计算机就足够了。但是对于仍无法满足要求的复杂计算，可以考虑使用Google公司的TPU（tensor processing unit）这类机器学习专用处理器，或者FPGA（field-programmable gate array）这类能够自行设定结构组成的处理器。对于更大规模的计算问题，就要将数据投入到分布式机器学习。分布式机器学习的系统搭建是有难度的，因此最好是将多个处理器放置在一台计算机内。

■ Google 公司开发的第三代 TPU

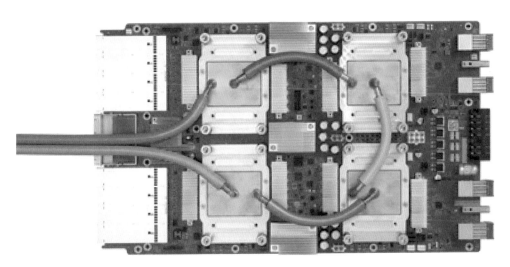

系统化本来就是工程上的处理过程。科学分析员和业务担当者要共同协商业务系统和接口，并且一起开发应用程序，而在此之前工程技术员要预先进行整体的设计，准备好必要的中间件和网络。例如在线方式时需要构建API，批处理方式则需要设计批处理执行底层和任务控制器，而混合方式则要准备好NoSQL。

对于AB测试，需要由工程技术员导入AB测试工具。也要考虑周全与系统发布相关的管理代码的存储、自动运行的细节等。还要完善好系统的发布过程，特别是需要向科学分析员详细说明发布的过程。

监测和增强这一步是与系统化基本相同的。如果能够在系统化的阶段就进行监测和增强的设计是最好的。与系统化相同，数据科学分析员和业务担当者的工作是确保能够很好地与业务系统联网并且完善应用程序，工程技术员的职责就是全力保障这些工作。因为每天都要进行监测，所以一定要规划好任务控制器，并且要具有故障报警功能。当出现报警后一定要有后续的处理团队去解决问题。要定期检测报警功能是否正常，而且不能将问题置之不理。

最后，为了避免无法完成增强功能，工程技术员还要向构建该系统的科学分析员详细介绍系统增强的步骤并希望科学分析员能够不断地继续完善工作。

小结

▷ 科学分析员的任务是以学习数据的准备、特征量抽出、模型预估为中心。

▷ 工程技术员的主要工作是数据仓库的准备、机器学习的基本硬件设施提供，以及整体的设计。

第 **5** 章

大数据的收集

收集大数据并不是一件容易的事情。收集大量的数据一定要使用分布式处理，我们要能够熟练区分并运用好批数据收集和流数据收集，也要能够应对数据结构的变化。要知道在工程上最耗费工时的就是数据的收集。

5.1 批数据收集和流数据收集
数据收集的种类

数据收集主要分为批数据收集和流数据收集这两种。

◎ 批数据收集

批数据收集是指定期收集数据的方法。

例如从 Web 网站的数据库每天一次收取客户的信息，再比如业务系统每小时一次收集 NFS 服务器或面向对象存储器中配置的文件。NFS 是 Network File System 的略写，是 UNIX 操作系统的远程文件系统，它作为本地服务器间的文件共有方法早已被使用。面向对象的存储器是指在云端的文件存储装置，它利用 HTTPS 协议进行文件的操作。

■ 批数据收集方式下对 8 月 21 日数据整理后进行收集

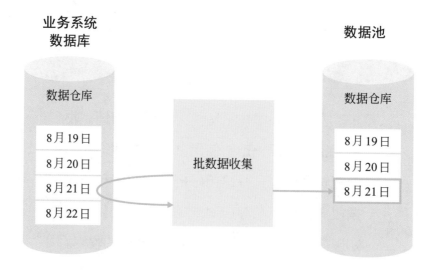

批数据收集一般适用于源数据更新频率不高，或者更新频率高但在分析时的使用频率低的场合。例如日本的节假日主数据是几乎不变的表单，采用批数据收集就非常适合。此外，虽然Web网站上的预约信息随时在更新，但是如果统计报告一日只做一次的话，那么一天收集一次数据就够了。

构建批数据收集所需的环境比较简单，这是它的优点。但是数据的时效性较差，而且一次大量数据的收集也非常容易在收集的时刻造成负荷量集中，这是它的缺点。

○ 流数据收集

流数据收集是几乎在数据生成的同时就进行收集的方法。

例如随时收集客户在网上超市的网页浏览器或智能手机应用程序上的操作信息，或者对基于IoT的设备生成数据的收集等都是流数据收集。

■ 流数据收集方式下随时收集事件信息

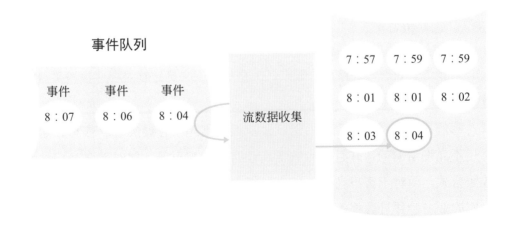

流数据收集有三个优点：①可以收集到最新的数据；②即使数据量很大，但因为是随时进行处理所以负荷量并不集中于某一时刻；③数据可以一边集结一边收集，因此数据量反而会减少了。但是我们也要注意到，流数据收集在开发和使用上是有一定难度的，例如如何处理迟来的数据、如何处理有更新的数据等。因此，实时数据收集是面向那些在后面没有进一步的更新并且数量单调增加的数据。

○ 批数据收集和流数据收集的比较

下表给出了批数据收集和流数据收集在不同方面的比较。

■ 批数据收集和流数据收集的比较

	批数据收集	流数据收集
处理时间	定期	随时
数据的新鲜度	× 旧的	○ 新的
不遗漏数据	○ 可能	× 困难
搭建与使用的难易度	○ 容易	× 困难
收集被更新的数据	○ 可能	× 困难
处理的负荷量	× 存在	○ 均等

请参考上表（×是存在的缺点，○是优点）来确定针对哪些数据采用哪种收集方式。

我们以Web网站的分析为例，要知道数据库中存储的客户信息和购买信息是不允许遗漏的，并且插入数据后还有可能被更新，此时就要采用批数据收集方式。而对于客户在浏览器上的操作，如果不随时获得信息的话就有可能影响业务，并且数据一旦插入后就不再更新，此时就应该采用流数据收集方式。

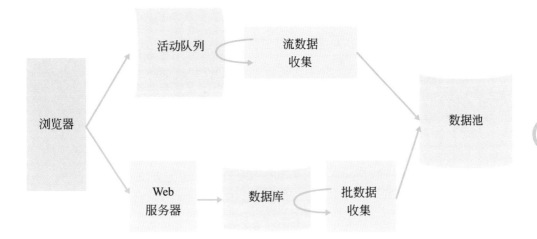

 小结

> ▷ 批数据收集时数据的新鲜度会变差，但是系统构建比较简单并且还
> 可以处理被更新的数据。
> ▷ 流数据收集虽然可以立即使用这些数据，但数据被更新后就很难处
> 理了。

5.2 文件数据的收集与文件格式

文件形式数据的收集

文件形式数据的收集属于批数据收集，本节介绍文件的收集方法和文件格式。

● 文件的收集

下面说明当源数据是文件时的收集方法。

如果是收集保存在本地服务器上的文件，通常是使用FTP或SCP。此外还可以考虑业务系统共用NFS服务器，或者经过业务系统的处理将文件存放在NFS服务器，以及通过收集系统来收集文件等方式。如果文件是在云端，被收集的文件是放置在面向对象的存储器内的，要从那里去收集。

无论是采用哪种方式，都不能在业务系统正在生成文件的时候进行收集，所以当业务系统在完成文件的配置后一定要发布消息。在本地情况下，文件配置结束后会生成一个特别的触发文件，当这个触发文件出现后就可以进行文件的收集了。在云端，可以使用准备好的队列。当业务系统完成文件的配置后就向队列中发送消息，而收集系统时刻在监视着队列的情况。

如果要收集的文件有很多，可以采用分布式的收集方式。例如在云端，通过队列的方式就可以进行收集工作的分布式处理。

在了解了上述内容后，下面给出一个完整的系统结构图。

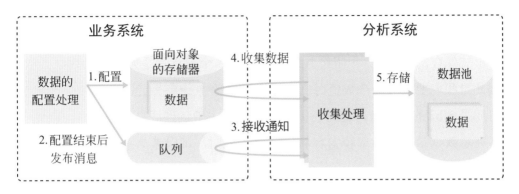

有一点需要注意，就是类似CSV或者TSV的文件没有header行（一般是用于标注文件的结构），因此无法获悉其结构。当收集这些不清楚结构的数据时，也要像知道了数据结构的文件一样去配置。这时就要注意到"CSV的列数没有变化但列正在被替换"这类问题的出现。

○ 文件格式的种类

文件的形式多种多样，在商务上经常用到的是CSV、TSV、JSON，以及Avro。下面按顺序介绍这些形式。

■ CSV、TSV 的例子

CSV

```
"name"，"age"，"email"，…
"渡部徹太郎"，36，"hoge@gmail.com"，…
```

TSV

```
"name"        "age"        "email"
"渡部徹太郎"    36           "hoge@gmail.com"
```

CSV是利用逗号做区分的表形式的数据，而TSV是通过跳格键Tab做区分的表形式数据。它们都是简单的文本数据，适于人们阅读理解，也方便数据的生成和分析。在收集数据时，CSV和TSV文件被压缩成zip或者gzip后使用。CSV和TSV的不足之处在于数据全部都是以字符串的形式被保存，因此将会越来越庞大。例如数字100如果是以数值形式存放就是8bit，但是如果以字符串形式保存的话就是3个字符共24bit。还有一个缺点就是无法定义数据类型。因此当我们要处理一个数值时，无法通过数值本身来确定是采用32bit的整数型还是64bit的整数型，此时还需要从输出端去确认到底是哪种类型。因此当不在意数据量或者希望较为容易地处理数据时，可以考虑采用CSV或者TSV格式。

JSON是表示阶层型的文本数据。阶层型数据在矩阵和字典的处理上非常优秀。与CSV和TSV不同，JSON能够保持数据的类型和构造，属于自己描述型数据。现在从网络收集的数据以及应用程序间的通信基本都是JSON（以前大多是XML）。JSON的不足之处是数据的大小远远超过了CSV和TSV。而且在JSON的数据中保留着键的名称，键字符产生的数据量也很大。还有就是JSON并没有数据结构的定义标准，所以如果没有看到数据根本就无法得知是什么形式的数据。此外当CSV或TSV的列数发生变化时能够被注意到，但是对于JSON就很难发现是否出现了多余的键值。总而言之，JSON适宜的数据就是阶层型结构的数据。

■ JSON 的例子

```
{
  "name" : " 渡部徹太郎 "
  "age" : 36
  "email" : "hoge@gmail.com"
  ...
}
```

近年又出现了Avro的形式。Avro和JSON都是可以处理阶层型数据的，但是Avro还采用了独自的二进制格式，在减少数据量和提高处理速度上下了很多功夫。

■ Avro 的例子

定义数据结构（xxx.avsc）

```
{
  "name" : String
  "age"  : int
  "email" : "hoge@gmail.com"
}
```

实际的数据（xxx.avro）

```
0011101011011011010010100101101
0100101010011010101010101010101
010101010101010101010101000101010
0011101011011011010010100101101
0100101010011010101010101010101
010101010101010101010101000101010
```

处理 Avro 是需要有对应的数据库和程序库文件的，BigQuery 和 Redshift 等大型数据仓库制品都支持它。Avro 与 JSON 的不同之处在于 Avro 对数据结构进行了标准化。具体而言，如上图所示，就是在 avsc 文件中定义了数据的结构，而实际的数据被 avro 文件以二进制的形式记录下来。avsc 文件被业务系统和分析系统所共有，因此在数据收集的时候就能够明确数据结构，这样有利于防止收集到结构不一致的数据。

✏ 小结

▷ 业务系统在完成数据的配置后要发出消息，此时才能开始收集文件。

▷ CSV/TSV 以及 JSON 都是文本，因此可读性高，但数据量很大。

▷ Avro 是二进制形式的数据，因此数据量很小，但阅读数据时需要专用的库来支持。

5.3 基于SQL的数据收集
从数据库中收集数据（前篇）

业务系统基本都是在数据库中积累数据，因此从数据库中收集数据就非常重要。从数据库中收集数据的方法主要有三种，分别是通过SQL、数据转储、同步更新日志。

● 通过SQL进行数据收集

通过SQL进行数据收集，是由SQL客户端连接数据库，再由SELECT语句完成数据收集的方法。SELECT是SQL中读取数据的语句。

下面介绍实际的收集处理过程。要知道在收集保存有大数据的表单时，是无法一次完成全部数据的收集和存放的。如下图所示，应该先发布SELECT语句，从数据库中获得光标，然后从光标位置逐步取回（对数据做读入处理）数据，如此就能逐步地收集全部数据。通过取回操作在收集了一部分数据后，这些数据作为本地文件被存入数据池。不断地如此操作，就可以收集巨大的数据了，而且不会出现收集处理用的内存和磁盘容量溢出现象。

■ 利用从光标处取回数据的操作逐步收集数据

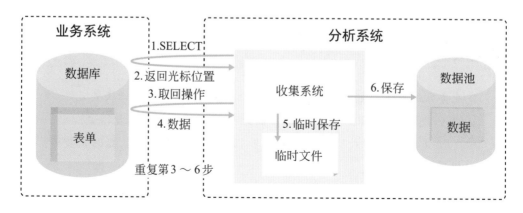

■ 通过取回操作每5行一次地读取表单

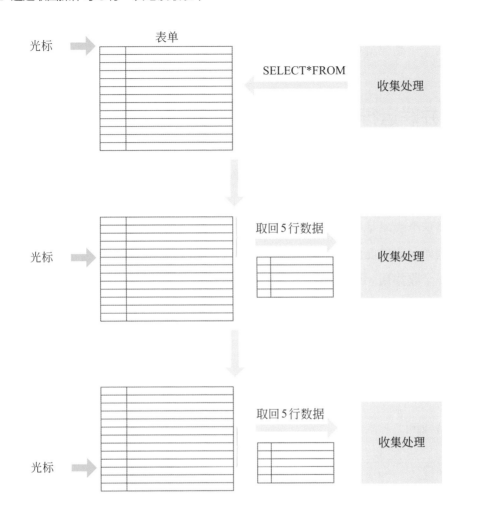

○ 利用SQL边加工边收集

利用SQL进行收集有一个优点就是可以边加工边收集。SQL是功能强大的编程语言，它已经准备好了很多加工数据时所需的编程语句。例如字符串的结合与置换、数值计算、根据值的不同进行选择等。

它的另一个优点就是适于在收集敏感信息时对数据加工。例如电子邮箱属于个人信息，因此在将其读入分析系统并进行处理时要注意保护隐私。但是如果将电子邮箱经由SQL做哈希化（散列）处理后被分析系统收集时，只需要SQL的一个函数就可以简单完成了。

◎ 并联运行SQL下的数据收集

如果只使用一个收集处理系统来收集一个表单的内容是非常容易的，但是如果表单非常大而在规定时间内无法收集完的话，就需要使用多个worker同时收集这个表单了。为了实现这一过程，需要利用某个键值来分割表单中的内容。例如在收集庞大的商品主数据表单时，就可以按照商品番号的范围进行分割。多个收集用worker同时启动，分别按照商品番号划定的范围（SELECT语句中的WHERE语句）各自收集分配给自己的部分。WHERE能够指明SQL中表单的行数。

■ 利用多个 worker 同时收集一个表单

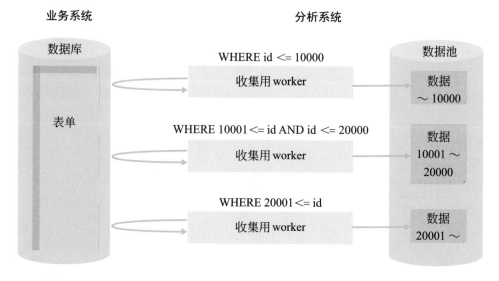

需要指出的是，这种方法只有当收集过程确实成为瓶颈时才能真正缩短处理时间。而不论业务系统的数据库是否存在瓶颈，只要加上这种并联式的数据收集方式都会或多或少地降低速度。理由是在业务系统的数据库中使用

WHERE语句将会增加开销，再加上是从磁盘的多个地方同时读取，使得读取数据的效率变差。

● 要注意业务系统数据库的负担

通过SQL收集数据会给业务系统的数据库增加负担，因此要注意以下三点。

第一，数据库的缓存受到了冲击。当业务系统的数据库处于在线系统的后端（backend）时，数据库的缓存将被在线系统加以优化。也就是说在线时，会将经常使用的数据放置在缓存中。但是为了进行数据收集就需要遍历所有的数据，所以需要将被收集的数据写入缓存，这将导致正常的在线工作变慢。为了解决这一问题，应该规定当处于在线需求不高的时间段内时才进行数据的收集工作。

第二，连接的数量发生溢出。在数据库中是有连接数上限的。数据收集时要消耗SQL中大量的连接，产生的后果是有可能无法收到在线请求。

第三，交易时间变长。数据收集时需要处理大量的数据，这将导致SQL的执行时间变长。由此也会延长在数据库中的交易过程。一般情况下，在线数据库如果长时间处于交易状态将会产生问题，所以必须要在进行数据收集之前与业务系统的数据库管理者进行沟通，否则将有可能导致业务系统侧的混乱。

小结

- ▶ 在利用SQL收集大数据时将通过光标的定位逐步进行。
- ▶ 收集巨大的表单时，利用WHERE语句进行分割并由多个worker同时进行。
- ▶ 通过SQL收集数据时会增加业务系统数据库的负担，因此必须加以注意。

5.4 基于数据输出和同步更新日志的数据收集

从数据库中收集数据（后篇）

通过SQL收集数据是非常便利的，但是会对业务系统的数据库产生负担。而数据输出和同步更新日志这两种数据收集方式所产生的负担就很少。

● 基于数据输出的收集方式

基于数据输出的收集是指将数据库中的表单作为文件进行收集的方法。这种方法采用了与通常的SQL工作原理不同的方式，它不存在数据库的缓存被冲击以及消耗连接数量的问题，与SQL收集方式相比几乎不增加负荷就能够读取数据。

这种方式又分为两种，一是CSV和JSON等通用的文件格式输出方法，二是做成数据库专用转储文件的方法。

通用文件格式输出的方法就是采用前节提及的文件收集方法。

■ 利用通用文件格式的CSV输出与收集

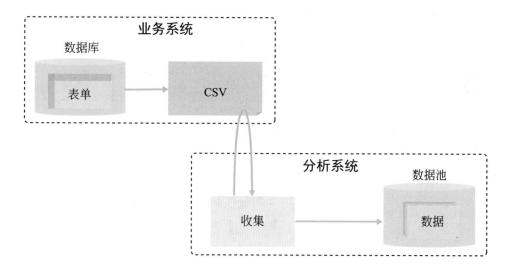

数据库专用转储文件的输出方法的典型代表就是输出为 Oracle 公司的 Oracle 专用数据库转储文件。这一文件只有 Oracle 才能复原，因此在分析系统那一侧也要使用 Oracle 来完成复原工作。这一点是它的不足之处。

■ 输出转储文件并复原后进行收集

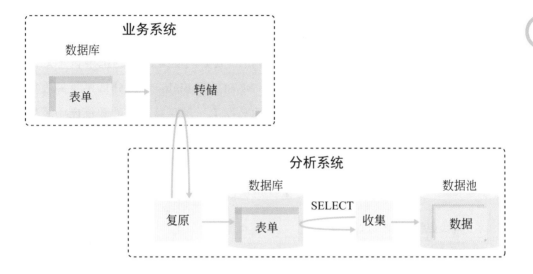

不同于通用文件格式，利用数据库专用转储方式有两个优点：①数据库专用转储文件输出方式对数据库产生的负担是更低的。这是因为如果数据变换成通用文件格式就还需要 CPU 的资源。②业务系统在数据库运行时要定期备份，如果备份正好是以数据库专用转储方式作为输出，那就不需要再做其他的工作了。

无论采用上述的哪种方法都要确认在保证业务侧数据库完整性的前提下能否转储。例如要在商品的购买表单和商品的主表单都处于完整的状态下进行收集。若是通过 SQL 收集，由于 SQL 可以在交易执行过程中运行，所以在保持数据库完整性的状态下能够收集。但是对于数据转储，要知道有些系统是不能在交易进行中完成转储的。这是因为对于这些系统，从数据的转储开始到结束之间如果数据有了更新，在转储过程中是不知道的，一定要注意这一点。

◉ 基于同步更新日志的数据收集

基于同步更新日志的数据收集是只收集数据库的更新日志，在分析系统中根据更新日志再做出同步的数据库并从中收集数据的方法（如下图所示），是对业务系统的数据库产生负担最小的一种方法。这是因为输出更新日志本来就是数据库应有的工作，所以并没有增加过多的负担。

所谓更新日志是指当数据库有了更新的数据后随之产生的记录日志，例如 Oracle 的 REDO 日志＋补充日志记录、MySQL 的 binlog 等。分析系统只收集更新日志并据此复原与业务数据库同步的数据库，然后从复原的数据库中收集数据。

我们将这种借助于更新日志来复原数据库的工作称为准同步复制。所以这种基于同步更新日志的数据收集方法就是从准同步复制数据库中收集数据。

■ 基于同步更新日志的数据收集

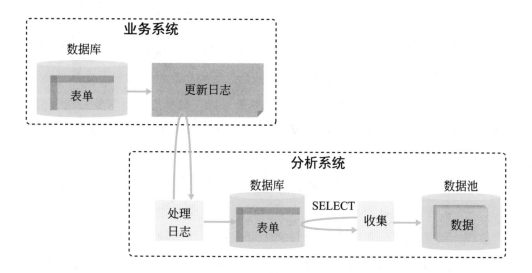

在同步更新日志时要注意日志传送的延迟问题。由于在业务数据库中只会保留一定数量的更新日志，所以当日志传送出现延迟时有可能造成部分日志的丢失，产生的后果就是无法继续向分析系统同步日志。万一出现了这一情况，就需要将业务系统数据库中的数据全部拷贝并做同步处理，可想而知这是一个非常巨大的负担。准同步复制时一定要注意这一点。

　　此外，同步更新日志的工作需要日志的传送以及准备好复原用的数据库等，环境构建和使用也都比较复杂，所以只有将减轻业务系统的负担作为最优先考虑时才使用。

 小结

- ▷ 基于SQL的数据收集方式开发简单，但是要考虑业务系统的负担。
- ▷ 在使用数据输出方式时，一定要注意能否在保持完整性的基础上进行转储。
- ▷ 同步更新日志方式比较复杂，只有将减轻业务系统的负担作为最优先考虑时才使用。

5.5 API数据收集与刮擦收集

其他的批数据收集方式

除了从文件和数据库收集数据，还有API数据收集方式和刮擦收集方式。

● API数据收集

API是Application Programming Interface的缩写，它是不同计算机之间进行数据交互的结构和技术的总称。在大多数情况下，为了提供数据还需要准备特别的URL终端，其他的计算机就可以通过HTTP或HTTPS等Web的标准协议从该终端获取数据。

从API收集数据的事例处于增加的趋势，例如公开数据和企业出售的数据都可以在网络上通过API提供出来。公开数据包括气象数据、地图数据、国家和地区的行政数据等。我们如果使用了网络上的客户管理服务，就希望能够自动地通过分析系统来收集客户的数据，此时可以使用客户管理服务的API。

从API获取数据是指HTTP或HTTPS向终端发送请求后完成数据的收集。提供API的系统把令牌（token）这一认证信息交付给发送的请求信息，这样就能保证提供API的系统知道是谁发送的请求。

利用API能够收集的数据形式最多的是JSON，但也有一些CSV和XML。

使用API收集数据时要注意API有呼叫次数的上限。API根据令牌来判断是哪台计算机发出的请求，而在一般情况下都会规定计算机对API呼叫次数的上限。有时候在测试时没有问题，但在实际环境下当收集成为常态之后如果API的呼叫次数超过限制就会导致无法继续收集。

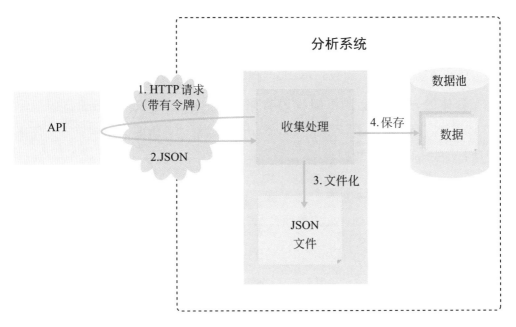

而且API读取的大多是JSON数据，前面介绍过，我们无法检测到JSON数据结构的变化。要知道数据结构经常会根据API系统规格的变更而变化，所以一定不要忘记从API系统获取数据结构变化的消息。同时，为了保证即使数据结构变化了也不会收集失败，JSON要按照原来的样子存入数据池中。而且一旦存入数据池后，在进入数据仓库的时候还要检测数据的结构。这样就能避免出现数据缺损这一最坏情况的发生。

● 刮擦

刮擦（scraping）是指通过解析从Web网站提取的HTML或JavaScript进行数据的抽出。

刮擦的典型例子是为了获得机器学习用的数据而从网络上收集图像或收集SNS的文本。从Web网站收集数据是非常必要的，但有的时候API并没有提供这一功能，此时为了降低复杂程度也会使用刮擦。

提起刮擦，很多人首先想到的是摩擦或碰撞等违法行为，但在这里它是指从对象的 Web 网站收集数据的一种最简单的方法。Web 网站负责人的工作非常繁忙，经常会忘记准备好 API 或者与分析系统间的文件交互，此时如果自己能够直接解析 Web 网站，那将减少 Web 网站负责人的很多工作。

具体的方法就是利用编程语言来解析 HTML 或者 JavaScript。如果是HTML 就直接读取内容，而对于 JavaScript 生成的动画就要利用浏览器的库来启动 JavaScript 以抽取数据。

■ 刮擦 Web 网站进行数据收集

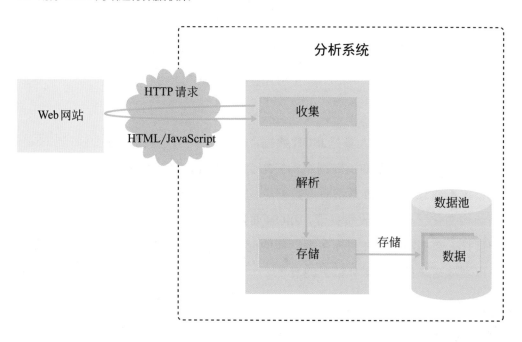

在进行刮擦操作时，我们建议您与 Web 网站的负责人联系并充分交流之后再进行。这是因为如果在没有通知 Web 网站负责人的情况下进行刮擦，会被认为是某个检索网站的爬虫程序或黑客的攻击，有可能直接被屏蔽掉。还会造成 Web 网站的过度负担，出现违反著作权、违反使用规定等问题，严重的话可能造成犯罪。

万一还没有与 Web 网站负责人联系好，也要在 HTTP 发出请求时在 User-

Agent表头写明自己的电子邮箱或者URL。这样做是为了保证在出现问题时，Web网站负责人能够通过保存下来的Web网站接触日志找到您并且联系上您。

 小结

▷ 使用API的收集方式时要注意API的呼叫次数限制和使用要求的变化。

▷ 使用刮擦方式进行数据收集时应该提前联系好Web网站负责人后再收集。

5.6 批数据收集的开发方法
可以利用ETL软件制品也可以自行开发

批数据收集有两种处理方式，分别是利用ETL软件制品和自行开发。本节介绍几个有代表性的ETL制品及其选择方案，也通过事例对自行开发的方法和步骤进行说明。

◎ ETL软件制品

完成批处理数据收集任务的制品被称为ETL软件制品（以下简称为ETL制品），它是Extract Transform Load的简写，也就是抽出、加工、装载的意思（如果没有加工这一步，即只有抽出和装载处理，我们按照惯例也称之为ETL）。

■ 利用ETL制品进行数据收集的开发和运行

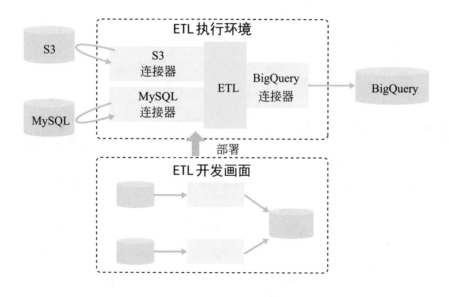

大多数ETL制品为了能够进行数据和文件的收集都要有多个连接器（connector）。如果是从MySQL收集就要有MySQL连接器，从S3收集就要有S3连接器。在商用ETL软件的开发画面上还要将数据的输入和输出之间用线连接起来使得数据的流动变得可见，因此在ETL的开发画面上所做的处理都能够原封不动地部署在实际的系统中。基于此，即使不会编程开发的人员也能够处理数据收集的工作了。

下面介绍两个ETL制品。

第一个是Embulk，它是一个以TresureData公司为主开发的开源系统，该公司是提供数据仓库服务的。Embulk的特点是连接器非常丰富。连接器是开源系统的插件（plug in），可以取出也可以替换，而且谁都可以参与开发。所以如果是使用Embulk，通过使用各种丰富的连接器几乎能够接续所有著名的数据源。即使没有合适的连接器还可以自己开发。

第二个是Sqoop，它是Hadoop项目的一部分。HDFS能通过它读取被分布式处理后的RDB或面向对象存储器中的数据。而能够并列地收集RDB表单是它的特点，当指定了WHERE语句的分割条件后就可以生成WHERE语句，然后就能够利用多个收集执行器同时在Sqoop中对一个表单进行并联形式的数据收集。Sqoop的实质是Hadoop项目中MapReduce的Mapper，是在YARN上使用。虽然它是作为MapReduce的工作被执行并通过Map函数来收集数据，但是它并不执行Reduce操作。在云端时，从RDB收集数据并传给面向对象存储器时将用到Sqoop，在开始收集数据的时刻将通过AWS的EMR等构建临时的YARN类，在此基础上运行Sqoop来收集数据，完成后还要释放之前建立的YARN类。

○ 选择ETL制品的原则

在选择时必须要注意以下三个方面。

首先要了解能否支持分布式下的数据收集。ETL制品在以前就出现了，因此有很多的 ETL 并不支持大数据分析，所以它们可能也不支持分布式处理。

其次要看是否具有数据库的同步更新日志功能。同步更新日志是通过解析源数据库的更新日志并结合系统的输出进行的复杂处理。而大多数的 ETL 连接器并不具备同步更新日志的功能，一般是通过发布 SQL 来获取数据的。有无同步更新日志的功能将在很大程度上影响 ETL 的性能特征，因此在选用 ETL 制品时一定要确认是否具有同步更新日志的功能。

最后从源代码阶段就要确认是否具有调试和定制（自定义）功能。因为数据时刻在变化着，所以在数据收集过程中会出现各种各样的问题。例如实际数据的位数比预定的要大、有控制字符存在、文件名过长，以及数据量的突然增加导致磁盘和内存容量溢出、CPU 使用紧张等可能出现的问题数不胜数。麻烦的是这些问题可能事先无法预料，有些对于 ETL 开发人员而言是无法预知的。当出现这些问题时，就需要从源代码那一级进行调试。如果是开源的话，精通编程语言的程序员就能够阅读源代码并分析问题所在。如果是商业软件的话，就必须要在事前充分调研该款软件的技术支持能力。如果在调试后确认必须要修改源代码，那么对源代码的定制就极为重要，一定要调查清楚修改源代码的正确方法。

○ 自行开发 ETL

由上述内容可知，既然在利用 ETL 制品的时候也有可能要进行源代码级别的调试和定制，那么能否自行开发呢？这样既可以尽早接触源代码，又能够更自主地运用它。要知道即使是在业务现场，对于大数据收集而言也有半数以上是自己开发的。这样做的理由是 ETL 制品过于复杂了。例如从 RDB 拷贝数据到面向对象的存储器这一工作，只要写出 Script 脚本利用 SELECT 语句将选择的结果存入文件即可。但是如果使用 ETL 制品，很多不需要的连接器都一起被引入，这将导致源代码体量变大而造成调试和定制上的困难。

希望自行开发的话就需要熟知编程语言，也需要了解系统启动时的任务控制器、队列、worker等的工作原理和执行步骤。当然为了保存中间数据还要有容量巨大的磁盘硬件设备。可见自行开发是需要方方面面的准备工作和技术能力的，但是能够完全清楚整个开发工作，这是它的优点，也能为后面的系统维护提供极大的便利。

小结

▷ Embulk有各种开发好的连接器，Sqoop的优点是适于分布式数据收集。

▷ 在选择ETL制品时，要选择可以在源代码级别进行调试和定制的。

▷ 在业务现场自行开发的比较多，理由是可以做到充分把握每一个细节。

5.7 分布式队列与流处理
流数据收集概述

在收集流数据的时候要注意两点，一是接收生成数据的分布式队列，二是对数据进行的流处理操作。下面进行说明。

○ 流数据收集概述

在进行流数据收集时，接收到生成的数据后要通过分布式队列做临时的保存工作。

分布式队列是指能够保存分布式处理后的数据的消息队列。如果数据量很少的话是不需要分布式处理的，但收集大数据的时候一台计算机往往不够用，此时就要用到分布式队列。

我们以网络服务中的客户事件流收集系统为例来做说明。

首先给出两个名词。将消息发布给分布式队列的应用程序是producer（相当于消息的生产者），将消息取出并进行处理的应用程序是consumer（相当于消息的消费者）。在浏览器和智能手机上发生的操作事件将被发送给生产者，生产者接收到事件后在分布式队列上完成登录。

消费者随时保持对分布式队列的监视，当发现有事件登录后立即保存到用于接收的数据池中。该例是将事件以文件的形式存入数据池内，但是如果将每一个事件都存成一个文件的话明显过于繁杂，通常是将多个事件整合到一个文件中。

为了保证事件数量很多的时候系统也能够胜任，应该充分为生产者、分布式队列、消费者准备好横向扩展功能。

■ Web 浏览器上客户事件流的收集系统

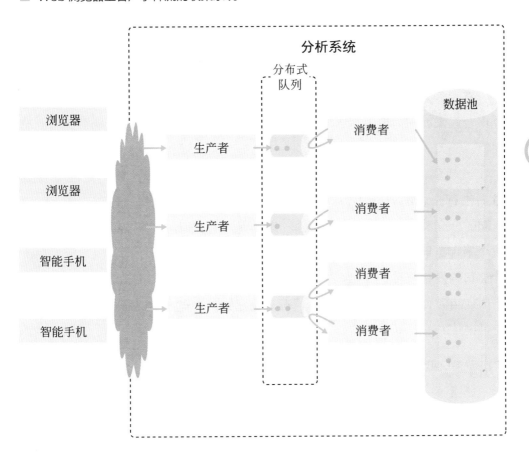

● 消费者的流处理

　　消费者可以直接将接收到的事件不做改变地存入数据池，也可以按照对事件的流处理规定只将结果存入数据池。这样既能够减少数据池中数据保存的开销，也能减少后面一次加工时的处理量。

　　流处理包括不依赖时间的处理和依赖时间的处理这两种模式。不依赖时间的处理是指通过一个数据就完成了与文件或其他资源的结合。依赖时间的处理是指在一定期间内的数据聚合（窗口聚合），或者是基于一定期间内的数据进行预测。

○ 窗口聚合

下面介绍在业务上常用的窗口聚合（集结）。

在窗口聚合中，"窗口"指的是时间长度，在特定长度时间内将发生的事件聚合起来就称为窗口聚合。这里的窗口主要有两类，分别是滚动窗口和滑动窗口。

滚动窗口（tumbling window）是在一定期间内或者达到一定的事件数量时进行聚合的方式，每一个事件肯定会属于某一个滚动窗口。滑动窗口（sliding window）是从现在开始到一定时间内的窗口，一个事件可以被包含在数个聚合结果内。单纯的文字解释可能不容易理解，请看下图。图中标有在统计窗口内发生事件的个数，但是因为有两种不同的窗口，所以结果是不同的。到底使用哪种方式是要根据实际情况来确定的，客户在购买商业软件制品时要进行确认。

■ 滚动窗口和滑动窗口

快速通报（速报）系统的流处理

流处理在数据收集之外还有很多应用场景，例如应用于快速通报系统中。

当Web网站上的客户事件被以流数据方式收集后，通过窗口聚合就能够知道目前有多少人正在阅览网页，因此可以在某位客户正在观看的网页上推出"除您之外还有4人正在阅览本网页"的消息。此外在利用流处理收集了浏览器上鼠标的坐标位置数据后，就能够通过机器学习来预测客户此时是否正在犹豫购买商品。对于正在犹豫的客户可以适时地提供优惠券以刺激其购买欲望。

近年来类似上述的针对实时数据的流处理越来越多。这是因为目前能够获得的传感器数据和图像数据等离我们的需求还差得很远，在很多情况下数据积累的速度赶不上我们的需要，再综合考虑到数据存储等的成本，此时能够有效利用有限的实时数据就显得极为重要了。

■ 在快速通报（速报）系统中使用的流数据收集系统

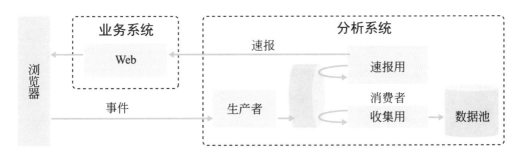

✏️ **小结**

▷ 流数据收集是利用分布式队列构建系统。

▷ 如果先进行流处理就能够减少数据池中积累的数据的数量。

▷ 在窗口聚合中，窗口有滚动窗口和滑动窗口两种。

▷ 流处理可以应用在速报系统中，从而扩大了数据活用的范围。

5.8 流数据收集中的分布式队列

了解分布式队列的特性

分布式队列简单而言就是将消息放入后再取出，但是也要注意到它的一些特性。如果不了解这些特性的话，在使用分布式队列时可能会出现意想不到的问题。

○ 分布式队列的特性

第一个特性是保障顺序性的能力。如图所示，分布式队列制品并不是按照消息进入的顺序逐次取出的，也就是说并不是先进先出（first in first out，FIFO）。那么对于消费者而言就要保证即使消息的顺序不同也能够正常工作。

■ 并不是按照消息进入的顺序取出的

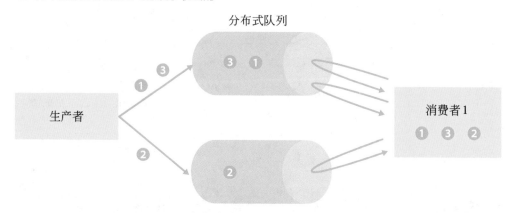

第二个特性是信赖性。在分布式队列中，一个消息通常由消费者进行多次处理，即有可能一个消息被同一个消费者两次处理，也有可能不同的消费者处理同一个消息。因此对于消费者，必须要做到幂等（idempotent）处理的效果。所谓幂等是指同样的处理在经过多少次之后，其结果都是相同的。我们将有且只有一次处理一个消息称为恰好一次（exactly once），而实际的处理情况还请仔细阅读制品的说明书。

■ 同一个消息被多个消费者处理时需要有幂等处理的能力

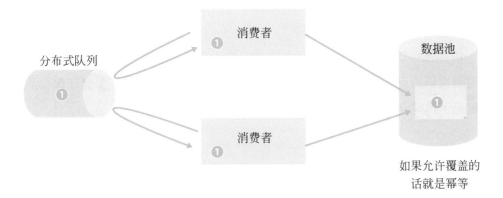

第三个特性是可视性超时。可视性超时是指当一个消费者在处理一个消息时，为了不让其他消费者进行处理而隐藏该消息的时间。如果超过了这一时间但消费者仍未返回ACK（应答结束），这个消息就会重新变为可见而允许其他消费者去处理了。

第四个特性是对死信的处理。如果消费者处理了很多次消息但仍未完成，那么一直在队列中存留的消息就成为了死信（dead letter）。对于这些死信，是需要与其他消息区分开来的，应该被存放在别的地方或被废弃。分布式队列制品一般都具有这种功能，会在失败一定次数后将死信放入死信专用队列。

最后还有BackPressure，即背压能力。当生产者的消息生成速度快于消费者的消息使用速度时，在队列中消息将逐渐积累并会发生容量溢出。为了防止这一问题，就要有意压制生产者的消息生成速度以适应消费者的消费速度，这一功能就被称为BackPressure。我们要确认分布式队列中是否具有该功能。

◉ 使用分布式队列的难度

与其说上面提到的是分布式队列的几个特性，倒不如说是难点，可见在使用分布式队列时是有很大难度的。下面举一个例子，就是当消费者突然停止时的状况。

消费者突然停止的状况时有发生，例如由于不可预料的数据而导致的程序崩溃、内存溢出、异常关机等。此时如果在分布式队列这一侧没有设定适当的可视性超时，收集worker将会永远地处于等待状态（等待消费者结束处理的消息）。因此设定合适的可视性超时是非常必要的。

由此还可以看出分布式队列的容量是极为重要的。从消费者开始处理消息的时刻直到消息处理结束，甚至到可视性超时结束期间一直都要保证保存消息的容量不出现问题。

■ 本应停止的消费者 A 却处于生存状态时的情景

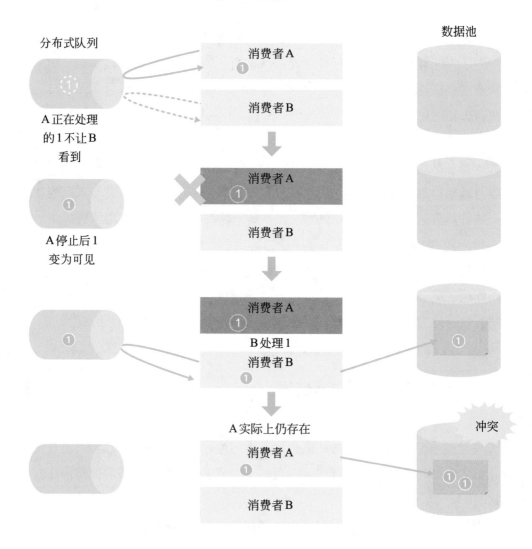

到此为止如果消费者完全停止操作的话处理也就结束了，但有一种复杂的情况是消费者明明知道已经突然停止了但仍然在操作，并且在数据池中还登录了数据。这种情况将导致分布式队列无法判断出消费者是真的停止了还是仍然在进行处理。这时就会被认为是两个消费者在数据池中登录了同一个数据，由此再次说明了幂等处理的重要性。

✏️ **小结**

▷ 需要理解分布式队列的如下特性：保障顺序性、信赖性、可视性超时、死信、BackPressure。

▷ 在理解了这些特性的基础上，还要进行幂等处理和设计好队列的容量。

5.9 生产者、分布式队列和消费者
流数据收集的开发方法

实现流数据收集需要考虑到生产者、分布式队列和消费者这三个方面的因素。

● 开发生产者

针对不同的业务,生产者的形态差异是非常大的。以分析 Web 的访问日志为例,当接收到从浏览器的 JavaScript 登录的数据后就将其放入分布式队列中,我们开发的一般都是这种简单的 Web 服务器。而对于智能手机应用程序的客户操作日志而言还有另一种选择,就是在智能手机中放入分布式队列的客户端的库文件。业务的不同导致开发生产者的方法有很多种,而且比较通用的可参考文献也较少,本书就不过多涉及这方面了。

● 开发分布式队列

应该使用已有的分布式队列制品。前面已经说明了分布式队列这种中间件(middleware)非常复杂,因此还没有自己开发的。分布式队列制品有本地和云端这两种选择。

如果使用开源制品,就应该选择 Apache Kafka。Kafka 正是为大数据的流数据收集而开发的中间件,很多企业都在使用。在多台计算机上构成了 Kafka 群集,进而形成了分布式队列。

如果使用分布式队列在云端的托管服务,应该选择 AWS 的 Kinesis Data

Streams。在AWS，也有Simple Queue Service这种分布式队列服务，但它不是对应大规模数据的，只能用于在系统间接收命令等这类小数据的传递。

如果要是使用GCP的话，那就是Cloud Pub/Sub这一分布式队列了。

◉ 开发消费者

根据不同的需求，开发消费者的方法也各不相同。

如果仅仅是从分布式队列来收集数据并放入数据池，自行开发是没有问题的。例如可以把程序写成无限循环，在分布式队列中只要有数据就进行处理。但通常的程序都需要常驻，所以开发并不简单。云端环境下的无服务器计算能够解决这一难题。例如AWS的Lambda或者GCP的Cloud Functions。无服务器计算设置有触发器，当消息进入分布式队列时就会触动触发器，因此不需要常驻。此外，还可以通过横向扩展消费者来调整队列的长度。更令人欣喜的是如果使用AWS的Kinesis Data Firehose，分布式队列的数据可以直接存入S3或Redshift中。

如果需要使用窗口聚合的功能，就应该使用成熟的制品。AWS的Kinesis Data Analytics是利用SQL进行窗口聚合的托管服务。开源产品有Apache Spark的Spark Streaming和Apache Flink。近年以Google公司为中心开发了Apache Beam这一编程模型。Beam是能够同时描述批处理和流处理的编程模型，安装有Beam的处理在Spark或Flink上运行。此外还有GCP的Cloud Dataflow这一托管服务，同样能够运行Beam。

如果是希望通过机器学习进行预测，很多都是自行开发程序。在程序中由分布式队列收集消息，通过预处理和特征量抽出将其转换成机器学习的输入，然后使用机器学习进行预测。为了加快机器学习的计算速度，一般是让消费者在搭载GPU的计算机上运行。当然也有开发机器学习预测终端的服务，例如AWS的Sagemaker、GCP的Cloud Machine Learning Engine。这些都可以使用GPU机器。

● 制品总结

我们将前面介绍过的内容整理成下表。

■ 流数据收集的构成要素

			开源	AWS 托管服务	GCP 托管服务
生产者			自行开发程序		
分布式队列			Kafka	Kinesis Data Streams	Cloud Pub/Sub
消费者	不进行流处理 （直接保存）		自行开发	Lambda, Kinesis Data Firehose	Cloud Function
	流处理	窗口聚合	Spark Streamings, Flink	Kinesis Data Analytics	Cloud Dataflow
		机器学习的预测、分类	自行开发	自行开发 + Sagemaker	自行开发 + Cloud ML

小结

▣ 根据业务的不同，生产者的开发方法也不同。

▣ 如果使用分布式队列的制品，开源的有Kafka，托管服务的有 Kinesis Streams 或者 Cloud Pub/Sub。

▣ 根据用途的不同，对消费者的使用也不同。针对单纯的收集、窗口聚合、基于机器学习的预测等有不同的开发方法。

应对数据结构的变化
数据结构会随着业务的发展而变化

在数据收集过程中最困难的工作是如何应对数据结构的变化。这是因为随着业务的发展，数据结构每天都在变化。而应对数据结构的变化，单纯从技术上是解决不了问题的，还要从完备处理过程入手。

○ 数据结构的变化是无法避免的

前面讲述了大数据在进行分布式处理后进行收集的方法，我们可以应对数据量的增加了，但是还没有触及数据结构的变化。实际情况是在数据收集时相比于数据量的变化，数据结构的改变会更加复杂。这是因为针对数据结构的变化并不仅仅是技术能解决的。

下面举例说明。例如从Web主页的数据库中收集数据的时候，可能会随着所需功能的增加或者减少而对表格的列要进行增减操作，也有可能直接添加或者消除一个表格。对于IoT而言，如果是收集JSON数据，当追加新的设备时就要有相应的处理去应对这一新的JSON结构。如果是从网络上的开源数据或数据服务来收集数据，伴随着服务内容和规格的变化，数据结构也要做相应的改变。

因此数据结构的变化是无法避免的。如果只能针对某种数据结构才能完成数据收集，那么当数据结构变化时就无法进行数据的收集了。一旦数据收集处理失败后，我们还要手动完成数据的复原，而数据复原的工作将是非常复杂的，同时也会拖延数据分析开始的时间。

● 如何应对数据结构的变化

为了应对数据结构的变化，处于数据源的业务系统和分析系统都要进行数据结构变更的处理，只有这样才能最终完成数据结构的变更。

我们以从业务系统的数据库中收集数据为例来说明。如下图所示，数据结构变更的处理过程分为两种，分别是非同步方式和同步方式。

■ 对应数据结构变更的两种处理过程

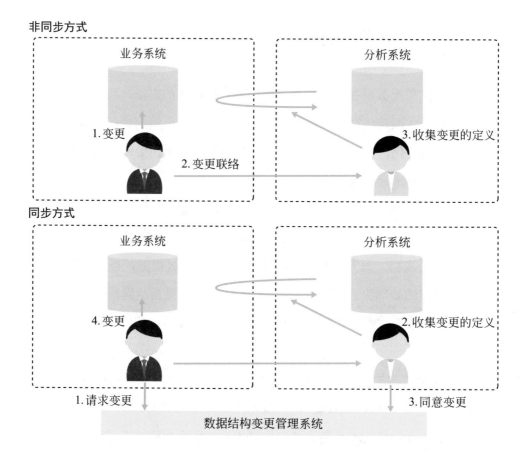

非同步方式

业务系统　　　　　　　　　　　分析系统

1.变更
2.变更联络
3.收集变更的定义

同步方式

业务系统　　　　　　　　　　　分析系统

4.变更
2.收集变更的定义

1.请求变更　　　　　　　　　　　3.同意变更

数据结构变更管理系统

非同步方式是直接让业务系统的负责人在数据库中进行数据结构的变更。可以通过电子邮件或者将管理表格定义的变更通知自动地发给业务系统负责人并指导他如何操作。这样就可以保证只要检测到数据结构的变化就能够改变数据收集的定义（简称为上图中的"收集变更的定义"）。但是该方式也有问题。当数据结构的变化刚好是在数据收集之前时，就会因为数据结构定义变更的不及时而导致收集失败。有的时候当业务系统出现一些临时状况而导致数据库的变化时，业务系统负责人因为需要及时去处理也将无暇通知分析系统。

与此不同，同步方式可以保证在收集数据时不会失败。同步方式是指在向业务系统的数据库发布新版数据的同时进行数据收集定义的变更。同步方式需要预先准备好数据结构变更的管理系统，如上图所示，当业务系统的数据库需要变更时，需要业务系统负责人提出变更申请。分析系统的负责人在同意申请的同时完成数据收集定义的变更。这样就能保证数据收集确实能够成功，但是由于业务系统这边增加了一项必须要做的工作，业务系统的发布速度将有所下降。

■ 对应数据结构变更处理的种类和特征

	非同步方式	同步方式
说明	数据结构的变更管理和数据的变更是不同的处理	在数据结构的变更管理之后再进行数据的变更
数据收集的稳定程度	× 不稳定	○ 稳定
业务系统的发布速度	○ 没有影响	× 变慢

◉ 同步方式与非同步方式的选择

对企业而言，选择同步方式还是非同步方式要根据哪些数据的优先度高来决定。如果数据分析优先于业务系统的发布速度，就应该采用同步方式，如果业务系统的发布速度优先则要选择非同步方式。

美国Uber公司采用的是同步方式。在数据结构变更发布之前一定要进行数据结构的登录，这是一种义务。Uber公司非常重视基于数据分析的顾客体验改善和削减成本，所以采用了同步方式。

在企业中数据分析的优先度确实不应该处于低位。但遗憾的是很多日本企业更重视业务系统。其理由是业务系统能够直接为企业产生利润，而分析系统只是处于辅助地位。Uber公司这种更加重视数据分析并将其认为是业务上不可或缺的做法确实并不多见。要想摆脱这一状况，就要想办法挖掘出企业内数据分析的价值。只有企业在认可了数据分析的价值后，才能更加重视数据收集的意义。

小结

▷ 伴随着业务的发展，数据结构的变化难以避免。要重视业务系统与之对应的措施。

▷ 数据结构变更的处理方式分为同步和非同步两种。要根据企业对数据分析的重要程度来选择使用哪种方式。

▷ 大多数日本企业更重视业务系统。我们需要通过增强数据分析的效果来加深对数据收集的意义的理解。

第6章

大数据的积累

　　为了积累大数据，需要有数据池（积累原始数据）和数据仓库（积累处理后的能用于分析的数据）这两种用于数据积累的结构。本章将详细说明开发的方法，特别是针对非常重要的数据仓库，我们将从基础知识到制品的选择逐一进行讲解。

6.1 数据池与数据仓库
要分别准备好原始数据和用于分析的数据

大数据的积累包括在数据池中积累原始数据和在数据仓库中积累被整理好的用于分析的数据。而为了将数据池中的数据转存到数据仓库，还需要有一次加工。

◎ 数据池和数据仓库

数据池是将收集到的原始数据不做处理地直接保存到文件中，它承担着保管这些重要的大数据资源的重任。在数据池中保存的数据不仅包含CSV等结构化数据，还包括图像、文本、声音等非结构化数据。

直接分析数据池中积累的数据是非常困难的，这是因为非结构化数据需要变换成结构化数据后才能被分析。即使是结构化数据，也存在着数据的缺损补充、与主数据的统合等处理，不完成这些操作在很多情况下也是无法进行分析的。对数据的这些变换操作被称为一次加工。数据池中的数据在经过一次加工后就可以保存到数据仓库中了。

如下图所示，数据仓库不仅保存了可供分析的被结构化后的数据，还能够保证前面章节提到的即席分析、数据可视化和数据应用程序都可以使用这些数据，为此数据仓库还提供了计算资源和SQL接口。

■ 数据池、一次加工、数据仓库之间的关系

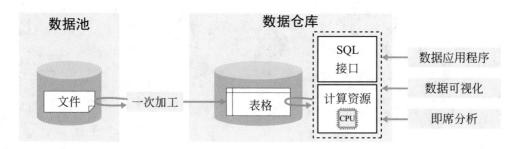

◎ 数据池的实现方法

为了能够存储文件，数据池使用了分布式存储制品，在此进行说明。

在开源软件中Hadoop项目的HDFS很有名，但是业务上很少有企业直接使用现成的HDFS。这是因为HDFS是开源的，没有技术支持，也不保证针对某一问题能够发布适当的修补程序。为此有公司为开源的HDFS提供技术支持和修补程序，但这些是商业制品，是需要购买的，例如Cloudera公司和MapR公司（以前还有Hortonworks公司，其在2019年1月与Cloudera公司合并了）。Cloudera公司继续无偿开发开源的Hadoop，但是对于包含技术支持和修补程序的Cloudera CDH以及云上管理服务的Cloudera Altus Director则采取出售的形式。MapR公司出品同时对应HDFS和NFS的MapR-FS，既可以作为Hadoop的一部分使用，也可以作为NFS的替代品。

云端的分布式存储被称为面向对象的存储器（object storage）。例如AWS的Amazon S3、GCP的Google Cloud Storage（以下简称为GCS）、Microsoft Azure（以下简称为Azure）的BLOB Storage，这些都是面向对象的存储器。它们是通过HTTPS协议对文件进行操作的，特征是将旧的数据自动地存放于价格便宜的存储层，能够向多个数据中心复制数据。

◎ 一次加工的实现方法

一次加工是将数据池中的原始数据转存到数据仓库时所需的变换处理。

如果数据池中的是CSV数据，首先就要检查CSV的Header行（标题行），确认是否为预想的数据结构。这一操作被称为数据验证（data validation）。然后对缺损数据进行补充并去除异常值，这被称为数据清洗（data cleaning）。还要做一些处理，例如将文字"高"和"髙"认定为同一文字、将交易数据与主数据的值统合起来便于分析、将电子邮箱地址等敏感数据做遮挡处理或通过哈希化做去除处理等。最后变换成表格结构并插入到数据仓库中。

如果数据池中的数据是图像等非结构化数据，首先还是要进行验证，然后通过机器学习的计算使之变换成结构化数据，变换结果是和一次加工处理相同的，最终也是插入到数据仓库中。

在一次加工中有很多的验证方式。如果是利用数据仓库的SQL或者用户自定义函数进行计算，就可以导入到数据仓库中去处理。如果上述条件无法满足，就需要利用某种编程语言编写程序进行分布式处理。在实际应用中常用以下三个方法，一是使用Hive或Spark等Hadoop项目中的软件，二是使用AWS的Lambda或GCP的Cloud Function这些云端的无服务器计算方法，三是利用AWS的Glue或GCP的Cloud Data Fusion等托管ETL服务。

■ 一次加工的示例

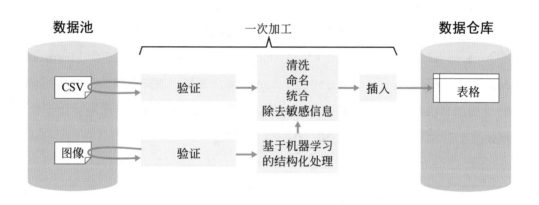

数据仓库的实现方法

数据仓库是把表格作为数据进行处理，为此必须要给数据使用者提供计算资源和SQL接口，可以考虑使用成熟的数据库制品。

数据库制品有两类，一类是擅长数据操作的操作型数据库（以下简称为操作型DB），另一类是擅长数据分析的分析型数据库（以下简称为分析型DB）。数据仓库使用的是分析型DB，理由将在下节中说明。

小结

▷ 在数据池中使用分布式存储器。

▷ 根据不同的情况需要不同的一次加工处理，使用时也是多种多样。

▷ 数据仓库使用的不是操作型DB，而是分析型DB。

6.2 分析型数据库
操作型数据库与分析型数据库的不同之处

数据库分为操作型数据库（操作型DB）和分析型数据库（分析型DB），数据仓库使用的是分析型数据库。我们需要了解它们的不同之处。

● 操作型DB

操作型DB擅长于针对少量数据的任何处理。

我们以EC网站的购物车处理为例。通过检索客户表格和商品明细表格，就可以向客户的商品购物车表格中插入所选的商品。

在操作型DB中需要大量很细微的处理，因此要特别重视响应速度。一次请求的处理时间要限制在数毫秒到数十毫秒之内。操作型DB还提供了检索功能，在检索行的时候不会扫描整个表格，而可以只对行进行操作。

■ 操作型 DB

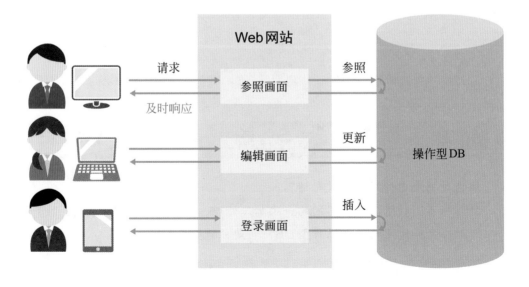

为了实现对行进行检索的功能，操作型DB将表格中的数据以行为单位进行保存，这样就能够对行进行快速访问（access），这一操作被称为面向行的操作。

■ 面向行的操作

用户ID	商品ID	购买时间	购买金额	
1	A	2019/05/03 13:00	1000日元	低速
2	B	2019/05/03 13:00	2400日元	
3	C	2019/05/03 13:00	900日元	
4	D	2019/05/03 13:00	2300日元	

高速

由上图可知，操作型DB在行操作上是非常擅长的，但对于表格中特定的列做集结时就相对较差了。例如在EC网站中计算所有客户的平均购买金额，就是在购买表格文件中的购买金额这一栏内求出合计后再取平均。这就要在面向行的数据库中访问（access）所有的行并取出特定列的数值，这一处理肯定是负担很重的。

操作型DB制品又包括关系型数据库（以下简称为RDB）和NoSQL这两类。在RDB的代表制品中，在本地部署的有Oracle公司的Oracle或MySQL、Microsoft公司的SQL Server，在云端的有AWS的Aurora。在NoSQL的代表制品中，本地的有MongoDB，云端的有AWS的DynamoDB。

◎ 分析型DB

分析型DB擅长的工作是将数据全部加载后对数据全体进行集结计算这类的处理。例如从EC网站的操作型DB中加载某一天的销售表格，做成不同时间的销售额报告这类集结操作就是分析型DB的特长。相比于响应速度，分析型DB更加看重的是吞吐量（throughput，单位时间内的数据处理量）。

■ 分析型 DB

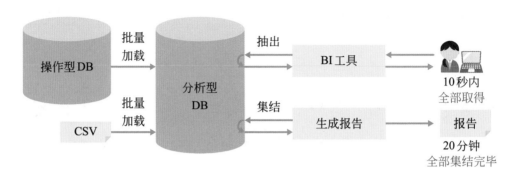

与操作型DB不同，分析型DB在列方向上的数据是保持固定的，因此是面向列的操作。分析型DB在对特定列进行集结的时候速度非常快，因为它不需要扫描全体数据。

■ 面向列的操作

用户ID	商品ID	购买时间	购买金额
1	A	2019/05/03 13:00	1000日元
2	B	2019/05/03 13:00	2400日元
3	低速 → C	2019/05/03 13:00	900日元
4	D	2019/05/03 13:00	2300日元

虽然如此，总体而言分析型DB对数据的操作还是不擅长的。这是因为为了更新某一行的数值，这一行所包括的所有列的数据都要重新改写。所以分析型DB的数据更新和数据消除的速度都很慢，而且有些制品都不提供这些功能，也就是说不支持SQL的UPDATE和DELETE语句。如果没有了UPDATE和DELETE，那么如何能够更新数据呢？或许我们能做的只有DROP全部表格，并将包含后面变更部分的表格数据全体重新加载。一般情况下使用操作型DB才会感到很不方便，但是因为分析型DB是专门为了数据的抽出和集结而开发的，对数据的直接操作不方便也是没有办法。

分析型DB制品分为SQL on Hadoop和DWH这两类。SQL on Hadoop是在Hadoop上利用分布式处理SQL的引擎来实现分析型DB的功能。而对DWH制品而言，本地的有Teradata，云端的有AWS的Redshift、GCP的BigQuery、Snowflake公司的Snowflake等代表性产品。本章的后面将介绍这些制品。

操作型DB和分析型DB的比较

最后我们以表格形式给出操作型DB和分析型DB的对比。

■ 操作型 DB 和分析型 DB 的比较

	操作型 DB	分析型 DB
擅长的处理	数据的细微操作	数据的抽出与集结
数据的保有方式	面向行	面向列
重视的性能	响应速度	吞吐量
更新与消除	○ 可以	△ 不可以或很慢
交易（transaction）	○ RDB 可以	× 不可以
数据的集结	× 速度慢	○ 速度快
数据的加载	× 速度慢	○ 速度快

✏️ **小结**

▷ 操作型DB擅长对少量数据的处理，重视响应速度。

▷ 分析型DB擅长大量数据的抽出与集结，重视吞吐量。

▷ 大数据分析所利用的是分析型DB。

6.3 面向列的数据格式化
在列方向上压缩数据后实现分析处理的高速化

大数据分析利用的是分析型DB，是在列方向上对数据进行格式化处理。面向列的数据格式化为快速进行数据分析提供了所需的技术。

● 面向列的格式化

面向列（columnar）的格式化是指数据以特定列为单位进行压缩和保持，为了高速进行抽出和集结而设计的数据格式。

面向列的格式化有文件格式化和内存格式化两种。文件格式化的代表性产品有Apache Parquet和Apache ORC，内存格式化的代表是Apache Arrow。

下面介绍面向列的格式化的几个特征。

● 基于符号化的数据压缩

提起表格我们都清楚，每一行都是相对独立的数据，而每一列都是类型和数值比较接近的数据。例如年龄这一列基本都是10 ～ 70之间的整数，而日期时间戳这一列相邻的数值也比较接近。面向列的格式化就是利用"在列方向上是相同性质排列的数据"这一特性对数据进行符号化压缩。

如下图所示，我们以每日外汇兑换率的表格为例，考虑如何压缩兑换率这一列。

兑换率是最大数值为255的正整数（这是指日元与美元的兑换率），可以用无符号的8bit整数来表示。所以如果要保存10个数据（上面表格中行号为1 ～ 10之间的兑换率）就需要80bit。

无符号化

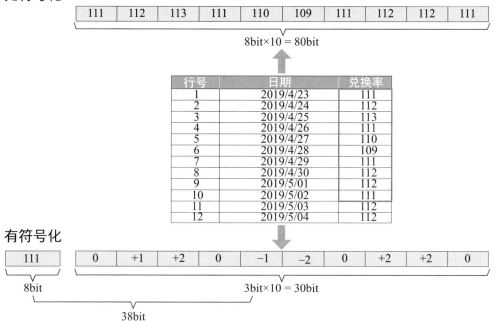

有符号化

但是如果使用符号化处理就可以进行数据压缩，从而能够节省所需要的存储空间。具体而言就是只保存与该列数据的平均值111的差值。这10个差值分别是在−2 ～ 2之间的5个整数值（2，1，0，−1，−2），所以每个整数值只需使用3bit就可以了：2用010表示，1是001，0是000，−1是111，−2是110。这就是对数据进行符号化处理。经过符号化处理后，10个3bit的整数一共是30bit，再加上保存平均值111所占用的8bit，总共也就是38bit，相比于原来的80bit很明显是被压缩了，这样就可以节省计算资源。

当然这只是一个例子，但由此可见将具有相同特征的数据排列起来后如果能够有效地加以活用，就可以实现数据的压缩。

⊙ 数据的跳读

面向列的格式化不仅可以用于数据压缩，还可以用在数据抽出和集结时的数据跳读上。也就是不仅保持了数据值，还要保留记录的数量、最大值、最小值等这些统计信息。

仍以前面的兑换率表格的例子来说明。将这个表格以面向列的格式进行数据压缩时，将同时计算出这些记录的总数是10、最大值是113、最小值是109等这些统计信息。

■ 在面向列格式化的文件中将统计信息与数据保持在一起

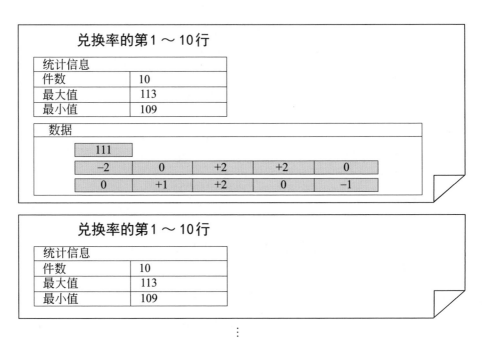

根据上面的统计信息就可以实现数据的跳读。例如我们要抽出兑换率为115日元以上的日期。对于该请求，已经知道这些数据中的最大值是113，即使不查看里面的数据也知道不会超过115，因此实现了跳读。这样就能够减少不必要的磁盘访问，进而加快了处理速度。

◎ 在数据的更新和消除上存在困难

前面的说明都是针对列格式化的具体处理，下面也说明一下更新和消除数据时速度变慢的原因。我们举一个实际上可能并不存在的例子，考虑更新兑换率中某一行的数据。数据为了压缩而进行了符号化，当符号化被解除之后还可以重新恢复为原来的数值。那么如果该数值被改变了，就需要再次被符号化后进行压缩。我们只要想象一下这个过程就会觉得很麻烦，处理上当然也就会非常慢了。所以面向列格式化操作的分析型DB不擅长更新和消除数据的理由就在于此。

■ 在面向列格式化的表格中对行进行更新的影响范围非常大

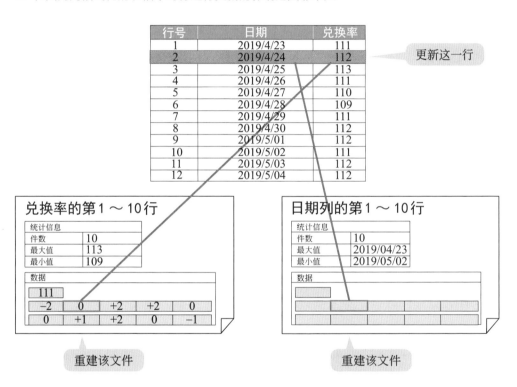

 小结

☐ 面向列的格式化是利用列方向上数据的相似性进行数据压缩。

☐ 在保有统计信息的前提下进行跳读可以有效减少对磁盘的访问。

☐ 分析型DB不擅长数据更新和消除的原因就是面向列的格式化。

6.4 SQL on Hadoop
分析型DB的选择方法（前篇）

利用Hadoop项目中的SQL on Hadoop软件可以搭建SQL的工作环境并且实现分析型DB的功能。

◉ Hive

Hive提供了HiveQL这种与SQL类似的查询式语言。为了在Java上能够运行，用Java编写的库文件可以作为用户自定义函数而被调用。例如通过Java的词素分析引擎对文本数据进行词组分割并集结统计的工作就可以由Hive完成。但因为它不是RDB，导致使用DELETE和UPDATE时功能受限（只有最新版本才可以使用）。

Hive的结构很复杂，它本身不具备分布式计算的能力，要变换为MapReduce等分布式处理框架。MapReduce在资源管理器YARN上运行。同时，因为Hive处理的数据是存放到HDFS或面向对象存储器的文件，而文件要映射到Hive的表结构还需要"Hive元存储"。下图表示的就是这一过程。

MapReduce这部分可以和其他的计算框架相互置换。例如与Apache TEZ置换后，可以将处理结果放置在内存上，这样就能降低MapReduce的响应延迟。

HDFS这部分也可以和S3等云端的面向对象存储器进行置换。

Hive具有很长的历史，处理也非常稳定，即使在查询中服务器宕机（死机）也能够继续处理，因此适用于对数据整体进行变换的这种长时间大规模的分布式处理。但随之而来的是响应速度变慢，对于不论多么简单的查询，它的启动过程等非常耗时，因此不会用于即席分析或者BI制品的后端DB。

■ Hive+MapReduce+YARN+HDFS 的组合

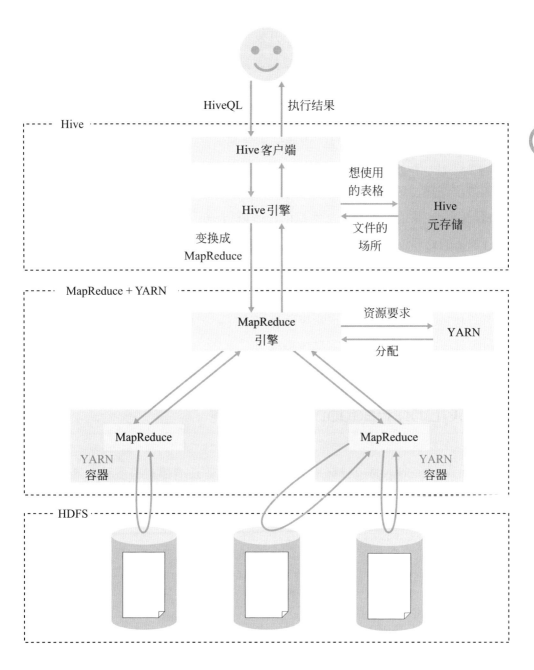

◎ Presto, Impala

Presto是以Facebook公司为中心开发的对应SQL的开源分布式查询引擎。Presto可以与Hive完全一样地处理数据。具体而言,HDFS或面向对象存储器的数据通过Hive的元存储后就可以理解为表结构,因此可以使用标准的SQL进行分析。为此,当云供应商提供Hadoop的关联服务时将会成套地提供Hive和Presto。Hive因为要将计算的中间结果写到磁盘上,所以查询的响应速度很慢。而Presto因为是在内存上进行计算,所以响应速度很快,能够在数秒之内得到集结结果,因此非常适合即席分析和BI制品的后端。需要注意的是,因为超过内存容量的处理是无法完成的,所以Presto不适用于要将全部数据同时进行加工的处理过程。在一般情况下,数据加工时使用Hive,在低延迟查询时使用Presto。

Impala是以Cloudera公司为中心开发的对应SQL的开源分布式查询引擎,它有着与Presto同样快的查询响应速度。这样要记住的是当利用Cloudera制品的时候就要使用Impala,而不是Presto。

◎ SQL on Haddop 的运行环境

SQL on Hadoop的运行环境无论在本地还是云端都有很多种。下面给出SQL on Hadoop的运行环境和数据存储的各种组合一览表。

■ SQL on Hadoop 的运行环境和数据存储的组合一览表

环境	产品	SQL 引擎	数据存储
本地	Apache Hadoop	Hive, Presto, Impala	HDFS
	Cloudera	Hive, Impala	HDFS
	MapR	Hive	MapR-FS

	环境	产品	SQL 引擎	数据存储
云端	安装在虚拟机上	Cloudera	Hive, Impala	HDFS, S3, GCS 等
	Hadoop 托管服务	Amazon EMR	Hive, Presto	S3, HDFS
		Google Cloud Dataproc	Hive, Presto	GCS, HDFS
	查询服务	Amazon Athena	Hive, Presto	S3

在本地环境时，可以选择开源的 Apache Hadoop 或者商业制品 Cloudera、MapR。MapR 是在由 HDFS 改造成的 MapR-FS 中保存数据，虽然能够快速进行目录的列表等操作，但是不能使用 Presto。

云端环境时有三种选择。①在虚拟机上安装的模式。Cloudera 就是在云端虚拟机上自动安装的工具，可以利用它来安装。数据保存在 HDFS 中是可以的，也可以保存到云端的各个面向对象的存储器中。②使用云端提供的托管 Hadoop 服务的模式。如果是 AWS 就选用 Amazon EMR，若是 GCP 就选用 Google Cloud Dataproc 这一 Hadoop 服务。Hadoop 服务是自动构建的云端供应商管理的 Hadoop 聚类。③只提供接入 SQL 接口的查询服务模式。例如 AWS 的 Amazon Athena，针对在 S3 中积累的数据按照查询单位收费的方式使用 Hive 和 Presto。

◎ 完成数据积累时是选择 HDFS 还是面向对象存储器

进行数据的积累时是选择 HDFS 还是面向对象的存储器呢？它们的不同之处主要有两点。

第一点不同之处是在面向对象存储器中保存数据时，计算资源与数据积累是分开的。基于此，计算资源与数据积累容量可以分别购入，因此总成本将会降低，这是它的优点。例如如果只希望增加夜间批处理的时间这一计算资源，那么将数据存入面向对象存储器的时候就可以瞬时地只是追加或者消除这个计算资源。但如果是 HDFS，因为数据和计算资源是在同一台计算机中的，即使是增加了计算节点，数据移动还是需要时间的，因此无法快速地追加和消除计算资源。

■ 在HDFS和面向对象存储器中进行数据积累时的比较

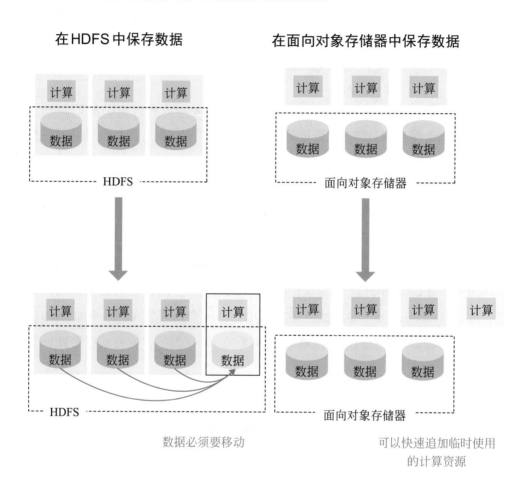

在HDFS中保存数据

在面向对象存储器中保存数据

数据必须要移动

可以快速追加临时使用的计算资源

第二个不同点是保持的整合性不同。HDFS能够保证很强的整合性，而面向对象存储器保证的是结果整合性（在第3章的分布式存储那一节中有说明）。因此，当同一个数据需要进行多次更新和消除操作时，如果使用不加改进的面向对象存储器时可能得不到正确的结果。为了解决这一问题，可以使用中间件（middleware），它能够让面向对象存储器具有强整合性。在AWS的EMR中，EMR-FS就具有这一功能。EMR-FS是在Amazon DynamoDB中保存成S3的状态，所以对应用程序可以提供强整合性。其他的还有开源S3Guard软件，也是能够提供强整合性的面向S3的中间件。整合性的不同往往容易被忽视，但是在使用面向对象存储器积累数据时一定要注意。

✎ 小结

▶ Hive运行稳定并且能够处理大规模的数据，因此适用于对全体数据的加工操作。

▶ Presto和Impala的响应速度快，适用于即席分析和BI工具的后端操作。

▶ 根据环境和数据保存场所的不同应该选择不同的软件产品。

▶ HDFS和面向对象存储器在保存数据时要注意它们不同的整合性。

6.5 DWH制品
分析型DB的选择方法（后篇）

除了SQL on Hadoop以外还有很多的分析型DB制品，本书将它们统称为DWH制品（data warehouse制品）。下面介绍几种DWH制品及其特点。

● Teradata

Teradata是将数据库软件与硬件成套出售的数据仓库设备制品。因此它的特点就是拥有最适合数据库的专用硬件系统，可以同时从多个磁盘中抽出数据。它还支持标准SQL，所以也能够执行UPDATE和DELETE。需要指出的是，要导入这套系统需要搭建数据中心，而且初期要有较高的资金投入，所以希望在本地建设大规模的数据仓库时将会考虑使用Teradata。

○ **Teradata**

https://www.teradata.jp/

● Redshift

Amazon Redshift（以下简称为Redshift）是在AWS上使用的数据仓库服务，可以使用基于PostgreSQL的SQL语法。Redshift有两种保持数据的方法，一是在集群内保持数据，另一个是在S3中保持。

在集群内保持数据的方法是指通过分区键值将表格分布式地保存在多台计算机内，并且变换成Redshift专用的面向列的格式后进行保持。这一方法的优点是数据就在进行计算的计算机内，所以抽出速度非常快。但是由于计算机无法保存超过磁盘容量的数据，所以从S3加载到Redshift这一步还是必需的。

在S3中保持数据是利用Redshift Spectrum的功能来实现的。如下图所示，Spectrum是在Redshift集群和S3之间用于数据抽出的中间层，它在分析了被投入的查询信息后只抽出S3中数据的必要部分，因此抽出速度非常快。这一方法的优点是数据不是从S3那里启动，而是直接投入了查询之中。

在集群内保持数据的方法与在S3中保持数据的方法是可以同时使用的。

■ Redshift 的结构

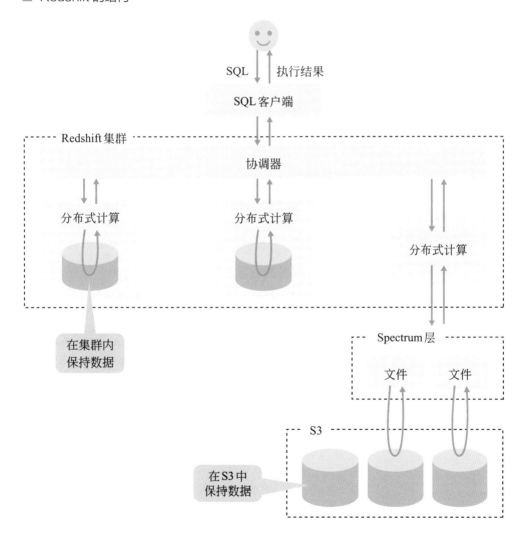

○ BigQuery

BigQuery是可以在GCP上使用的数据仓库服务，它支持标准的SQL并且可以处理表形式的数据，也能够保存数组和结构体，因此比一般RDB的适应性要好。

BigQuery的特点是对于查询作业，是通过其对应的处理量来确保计算资源slot的，因此不论是什么查询都能在一定的时间期限内处理完毕。这是GCP资源管理器的卓越之处，能够在不到1秒的时间内确保必要的计算资源并且在1秒之内抽出1TB的数据。因此在BigQuery中并没有集群的概念，完全是按照查询作业所需扫描的数据量来计费。Redshift因为要预先确保集群，所以是支付固定的费用，而BigQuery是根据查询来计费的，这是它们之间的不同之处。

数据一般是从面向对象存储器的GCS加载到BigQuery中的。如下图所示，被加载的数据因为是保存到BigQuery中的全部通用的分布式存储器中，因此若干个BigQuery可以共有数据。在大型企业中一般是各部门分别支付各自的查询费用，但是很多时候是希望数据共有的，所以BigQuery非常适合这一需求。

BigQuery在用户接口方面做得也很好，数据利用者可以通过Google的用户名登录到浏览器去使用它。专用客户端或认证都是不需要的，使用普通的Google用户名就可以操作。这一点也是与Redshift不同的。

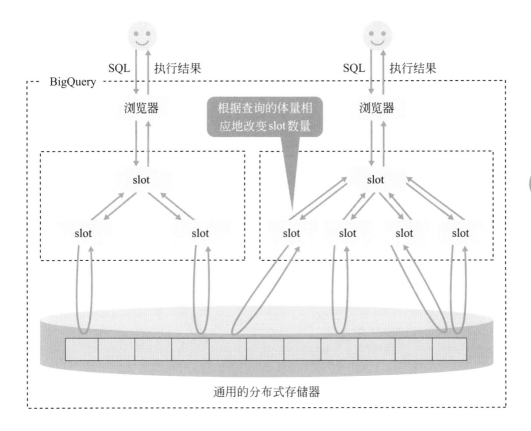

通用的分布式存储器

⊙ Snowflake

Snowflake 是近年出现的数据仓库服务，可以在 AWS 和 Azure 上运行。下面以在 AWS 上运行为例来做说明。

在开始使用 Snowflake 时将在云端自动地搭建 Snowflake 环境。如下图所示，数据的保存方式是将 S3 中保存的数据加载到 Snowflake 专用的 S3 载具中。此时，数据变换成 Snowflake 专用的表格式。分布式计算是运行在虚拟机集群上，在虚拟机中有缓存。

Snowflake 与 BigQuery 相似，都具有基于浏览器的 SQL 运行环境，在多个系统间也可以共有数据。但是 BigQuery 只能在 GCP 上使用，所以如果希望在 AWS 或 Azure 上使用与 BigQuery 相似的功能，就可以选择 Snowflake。

■ Snowflake 的结构

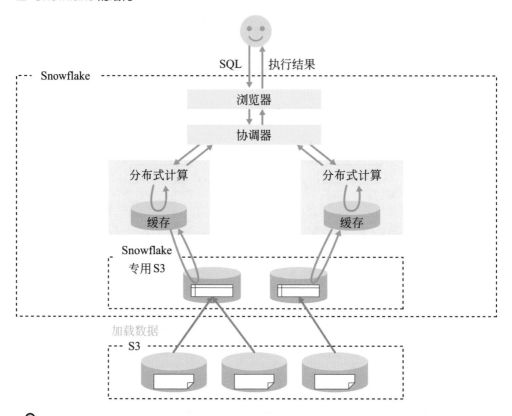

✏️ 小结

▶ 当决定从一开始就导入大规模分析系统时可以选择 Teradata。

▶ Redshift 可以处理基于 PostgreSQL 的 SQL 语法，现在能够直接查询 S3 的数据了。

▶ BigQuery 的特点是能够快速分配好计算资源，适用于以查询为单位的计费，并且能简单地通过浏览器进行操作。

▶ 如果希望在 AWS 或者 Azure 上使用类似 BigQuery 的功能，可以考虑选择 Snowflake。

第7章

大数据的活用

大数据的活用是指有效利用积累起来的数据为企业做决策或者为企业提高利润做出贡献。具体而言有三种活用的方式，分别是即席分析、数据可视化、数据应用程序。本章将给予详细介绍。此外，还有很多针对不同活用方式的特定的数据市场，本章也将进行说明并介绍数据市场的开发方法。

7.1 数据市场
根据不同目的来加工数据

将数据仓库中的数据按照使用目的不同进行加工，就形成了数据市场。而开发数据市场有如下两个目的，分别是优化利用计算资源和对通用集结工作的统一化。

● 有效地节约计算资源（目的1）

首先需要说明，如果不开发数据市场也是可以活用数据仓库中的数据的。例如在广告发送利润最大化的事例中，我们可以每次都集结保存在数据仓库中的客户操作记录。

但是在数据仓库中保存的客户操作记录一般只是将原始数据进行了简单的处理，所以这些数据非常繁杂。例如在客户的 Web 网页上的操作记录中，既有客户在 URL 上的点击时间，也有客户选择不同商品的时间等，是客户操作的全部数据。

如果每次都集结如此细微的数据是要耗费大量计算资源的，当然也会延长处理时间。其实在大多数情况下，重要的操作记录应该是最近的访问时间和最近的成交记录。如果能够提前将这些必要的数据集结成数据市场的话，就可以达到节约计算资源的目的。

如下图所示，针对数据仓库中有1亿行的操作记录，三个人在进行数据集结工作，他们分别统计不同期间内的成交数量。

其实在这1亿行的各种操作记录中只有大约100万行成交记录，如果能够提前将成交履历加工成数据市场，就可以极大地节约数据集结时的计算资源。

■ 基于通用成交履历数据市场的节约计算资源的例子

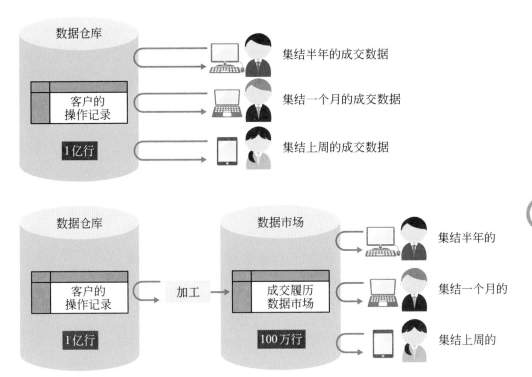

对通用集结的统一化（目的2）

如果有多人正在直接分析数据仓库中的数据，即使是针对同一个项目的集结结果也可能会因人而异。如下图所示，例如在集结一年期间客户购买的商品数量时，操作员A不统计目前不在商品主键中的数据（也就是执行INNER JOIN），而操作员B将不在商品主键中的数据也作为了统计对象（执行了OUTER JOIN）。为什么会出现这种状况呢？这是因为操作员A希望获得的是客户购买商品主键中商品的情况，而操作员B希望知道的是客户购买的总数量，这就是因为统计目的不同而产生的结果。那么希望根据这个集结结果进行决策的人员就会产生混乱，有可能做出错误的决策。

■ 如果直接集结数据仓库中的数据，得到的结果有可能因人而异

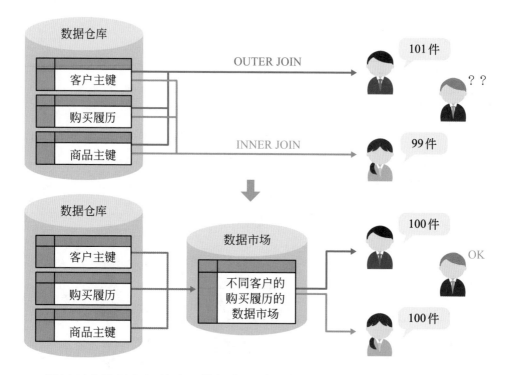

通过开发数据市场并公开数据市场的文档，能够在一定程度上解决这一问题。我们可以开发出"一年间的不同客户的不同商品的购买数量"这一数据市场，并且在文档中写入"某月某时不在商品主键内的物品除外"，这就不会引起混乱了。如果能把加工处理的源代码（SQL等）也记入文档中的话就更加清晰了。

○ 数据市场的开发方法

将数据仓库中的数据开发成数据市场的方法主要有三种。

第一个是利用SQL的方法。在开发数据市场的时候需要进行集结、统合、排序等必要的计算，这些都可以在SQL上完成。大多数情况下，可以利用SQL的CTAS（create table as select）来加工数据仓库中的表格群并将结果做成新的表格。

■ 基于 SQL 做成的数据市场

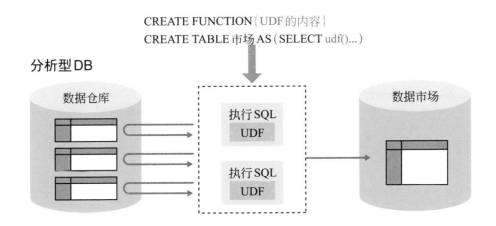

第二个是同时利用SQL和UDF（用户自定义函数）的方法。针对在SQL中的数据，可以使用自己编写的自定义函数，即自行编写在SQL中没有的但是希望实现的函数功能。例如为了将客户的电子邮箱等个人信息保护起来，可以输入自编写的哈希函数将原来的信息变为无法理解的符号。Hive或者Presto等可以通过Java编写UDF，BigQuery可以通过JavaScript来编写。这样就能够针对不同的分析型DB而使用对应的编程语言去实现在SQL中无法实现的功能了。

■ 基于 SQL 和 UDF 做成的数据市场

CREATE FUNCTION〈UDF的内容〉
CREATE TABLE 市场 AS（SELECT udf()...）

分析型DB

数据仓库　　　执行SQL　UDF　　　执行SQL　UDF　　　数据市场

第三个是通过外部计算的方法。如果希望使用那些不能被UDF使用的外部库文件，或者希望通过GPU进行快速的机器学习并将预测结果做成数据市场，就要使用外部计算的方法。如下图所示，具体实现就是利用外部的计算资源从数据仓库中抽出数据并加以计算，将其结果做成数据市场并重新写回分析型DB。

在上述三种方法中，最简单的是利用SQL的方法。它的维护费用不高，还能够得到对数据仓库集结的优化。因此应该首先考虑利用SQL实现的方法。当存在处理困难或时间过长的情况下再考虑其他的两种方法。

但是最近BigQuery ML这类只提供SQL语法的实现机器学习的制品呈现增多趋势，所以可供选择的方法还是很多的。

■ 在外部做成数据市场后重新写回

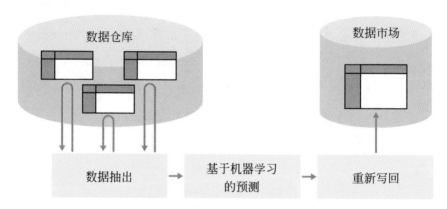

数据市场的开发与应用

由上述内容可以看出，数据市场是数据活用的基础，因此非常重要。数据市场的质量如果变坏的话，数据活用的能力也要变差。因此需要提高数据市场的开发与运用水平。

本书在开始的时候提到大数据分析的重要技能包括数据业务、科学分析、工程技术这三方面。那么开发数据市场是哪方面的人员需要掌握的技能呢？我们认为是数据业务和科学分析决定了设计，而后由工程技术人员进行开发与应用。

如果不了解数据内容的话是无法进行数据市场设计的，所以一定要充分取得必要的业务知识和科学分析所需的内容。为此，一直到设计阶段为止都是数据业务人员和科学分析人员的工作。

而数据市场的开发和应用就是工程技术人员的工作了。要考虑到分布式处理的基盘结构，开发出最适合分布式处理的优化型SQL。此外由于每天都要生成数据市场，还要设定任务控制器。当然，一旦数据市场生成失败了，还需要有一套进行数据复原操作的体系。

✎ **小结**

▶ 如果对通用数据需要进行多次加工，可以做成数据市场，这样能够节约计算资源。

▶ 使用通用集结数据市场时，能够解决不同人员的集结结果不同的问题。

▶ 开发数据市场首先考虑的是基于SQL的方法，不行的话再考虑UDF或者外部计算的方法。

▶ 数据市场的开发和应用工作是由工程技术人员来完成的。

7.2 即席分析
可以自主地分析数据并进行决策

利用SQL分析数据并且从数据中获取知识后据此做出决策,这就是即席分析(ad hoc analysis)。企业中的很多数据利用者都是以分析数据为目的,因此应该做成数据利用者能够理解的系统。

◉ 提供众所周知的便于数据分析的环境

在企业中可能只有1位数据科学家,但是看到数据的却有100名员工。这句话隐含的意思是:与其拥有1名优秀的数据科学家以获得好的结果,对于企业而言很多时候倒不如让100名员工看到数据后分别给出自己的决策意见。

看到数据并据此做出决策,这应该是很自然的事情,但往往很多企业无法顺利进行。例如在推广高尔夫一日游的商品时,负责人理所当然地认为30多岁的男性是最喜欢高尔夫的群体并将他们作为了推广对象。虽说这也是通过一些数据分析后得到的结果,但是最终却发现并没有给企业带来更多的利润。如果负责人能够充分利用企业内部的数据分析环境,当获取了真正浏览高尔夫相关网页的客户信息后再做出决策,那么推广的效果将会有很大改善。往往负责人并不知道企业中数据分析环境的存在,而即使是知道了也会发现使用起来难度很大,这是导致他们不能充分利用数据分析环境的原因。如果每一名员工都知道企业内有数据分析环境,并且都能够简单地使用的话,就不会出现上面提到的问题了。

○ 提供谁都可以使用的用户接口

为了能够让任何人都可以简单地分析数据，用户接口和元数据的公开是必要的。

为了利用好数据分析环境，就要有数据库的登录环境和某些老式客户端应用程序的安装环境等，这些并不是任何人都能够简单使用的。很多员工在看到使用手册后就会产生厌烦情绪，因此搭建在Web浏览器上能够直接看到SQL执行结果的环境是非常必要的。而且如下图所示，还要经过Web网页浏览器将数据利用者PC中的数据导入到个人区域，也要能将数据导出到PC，这些功能也是必需的。如果这些很基础的用户接口都没有的话是很难被普及的。

■ 即席分析所必需的用户接口

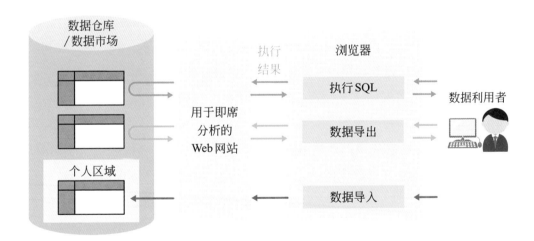

BigQuery就是一款非常优秀的接口。从下面的BigQuery画面可以看到，画面左侧给出了表格的信息，画面右上方是查询的输入画面，右下方是显示查询结果的输出画面。结果可以以CSV或者JSON的形式下载。所有这些用于分析的必要内容都是在浏览器上展现出来的。

■ BigQuery 的画面

○ 元数据的公开

要想分析数据，首先就应该知道这些数据的意义和状态。数据的意义和状态被称为元数据。元数据是应该向数据利用者公开的。

如果不知道数据的意义会产生什么后果呢？例如即使我们能够运行SQL，如果不知道表格中每一列的意义和代码的意义，那么也将无法活用这些数据。因此应该准备好能够简单描述数据意义的文档或者入口。

除了数据的意义，数据的状态也非常重要。"数据从一周前就没有被更新过了""对于数据缺损的集结结果越来越少了"等状态信息在数据分析环境的长期运行期间是非常重要的。它们是描述数据质量的信息，数据利用者在使用数据之前如果就掌握了这些数据的状态，能够极大程度地避免得出错误的分析结果。

最后还要说明的是，为了让数据利用者感觉到元数据的存在，需要在平时的数据分析活动时在醒目的地方公开这些元数据的信息。这是因为即使元数据已准备完毕，如果谁也看不到的话就没有任何意义。我们可以在BigQuery中添加说明栏（或备注栏）用以对表格或者某列的元数据进行说明，这样就能使数据利用者在分析时方便地确认元数据。

■ 在 BigQuery 的列的说明栏中记载元数据

我们将在第8章详细介绍对元数据的管理。

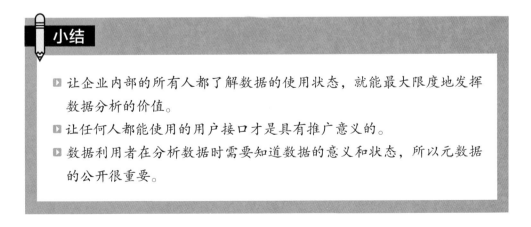

小结

▶ 让企业内部的所有人都了解数据的使用状态，就能最大限度地发挥数据分析的价值。

▶ 让任何人都能使用的用户接口才是具有推广意义的。

▶ 数据利用者在分析数据时需要知道数据的意义和状态，所以元数据的公开很重要。

7.3 构筑即席分析环境
支持数据利用者和进行资源管理的必要性

为数据利用者提供一个可以简单操作的环境需要做很多工作。例如需要为数据利用者提供支持，还要随着数据利用者数量的增加而相应地扩大容量和计算资源等。

● 对即席分析环境的数据利用者的支持

即席分析环境的好坏对数据利用者而言是极其重要的，因此不仅要公开用户接口和元数据，对数据利用者的支持工作也是必需的。

首先是系统中的用户管理过程很重要。具体而言就是要做好以下工作：在准备使用之前要有用户的申请窗口和申请过程、在使用完毕后要有停止使用的处理程序，还要有对长时间未使用者的盘点，以及密码的发送与重新设定等功能。

其次是要提供回答问题的窗口。不仅是关于各种申请和操作环境的使用方法，对于数据本身以及分析方法的问题提出也有很多，要有人员能够回答这些问题。

此外在发生故障时还要有完备的通知功能。当出现数据延迟、数据缺损、分析系统宕机等问题时，必须要有措施能够及时通知数据利用者。可以通过电子邮件或者网络及时聊天等软件发送，但是为了让所有的数据利用者都能及时收到通知，最好是在数据利用者正在进行即席分析的画面中弹出通知。例如在元数据的浏览网页或者SQL的运行浏览器上直接弹出故障信息，这样就能确保数据利用者收到了该消息。

还有就是在数据仓库中要有个人操作用的区域。如下图所示，即席分析需要一定的区域来上传自己关心的数据，或者将集结结果临时保存起来。为此要留出保存个人数据的空间，具体而言就是在数据仓库中为用户留出个人使用的表空间。

■ 即席分析环境中的各要素

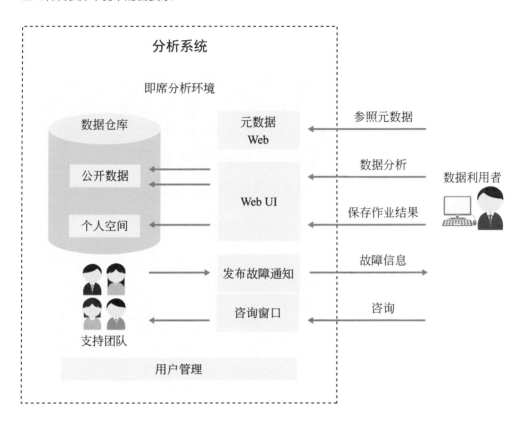

◉ 监测数据的利用量

如果不限制数据利用者所保存的数据量，那么保管这些数据的费用将会逐渐增加。因此要监测用户保存的数据量。通过定期进行检查，发现超过一定量后管理者就要向数据利用者发出提醒。

这里需要指出的是，我们并不建议对个人处理的数据量做出限定。这是因为大数据分析肯定就是要针对大量数据进行集结的，本来就不应该让客户再为大量数据的保存而烦恼，而且管理者也很难事先预测出一个合适的上限。既然如此，对数据利用者的限制就不应该是严格的容量硬限制，而应该是实时监测并适当给予提醒的软限制。

○ 对计算资源的限制

在即席分析时个人是可以自由使用SQL的，但SQL的运行有可能会耗尽数据仓库的计算资源。这样就会导致其他数据利用者的SQL运行缓慢，对系统后台的数据可视化和数据应用程序的定期运行中的SQL也会造成影响。如下图所示，一般而言，我们应该将直接影响企业利润的数据应用程序的优先度设置为最高，其次是用于常态化分析的数据可视化，最后才是即席分析。

■ 一般情况下各种处理的优先度

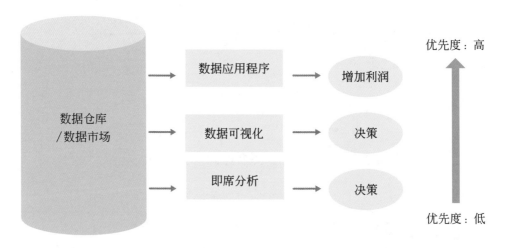

因此要限制即席分析所使用的计算资源。简单的处理方式就是预先将资源按照不同处理进行分配，例如数据应用程序占30%、数据可视化占30%、即席分析占40%，不论什么形式的即席分析都不会影响到其他的处理。但这种方法也有不足，例如当某个处理即使没有占用分配给自己的计算资源，其他处理也无法使用这部分计算资源，这就降低了整体的资源使用率。如果是按需计费的云端服务就没有这个问题，但是在本地如此浪费资源就是问题了。此时可以考虑优先度高的处理先运行，让优先度低的处理先等待。但是如何设定优先度才能很好地运行是由数据仓库的资源管理器来逐步确定的，所以在选择数据仓库制品的时候要考虑这一点。

◎ 监测即席分析环境

最后再提一下对即席分析环境的监测。

首先要监测数据利用者的数量。即席分析是将使用场景作为目的，因此要监测使用这些数据的人数。我们建议监测近三周内连续使用的人数，这是因为大多数数据利用者在实际分析并活用数据时并不是一周就结束了，而是要定期地进行。对于那些在监测的三周内只使用了不到一周的数据利用者，我们可以认定对方是流失了。

此外还要记录数据利用者是如何使用分析环境的。数据利用者生成的数据及使用容量、每日计算资源的使用量、运行的查询记录等都要保存好。这些记录在系统变更时可以作为调研资料，当发生事故时也能帮助确定原因，可以在很多方面起到作用。

小结

▷ 与一般的系统一样，要有数据利用者的管理程序并且保留个人操作空间。

▷ 必须要监测每个数据利用者的数据使用量、限制计算资源。

▷ 要保存好数据利用者的操作记录，便于之后的调查分析工作。

7.4 数据可视化
任何人都可以基于数据做出决策

数据可视化是为了让企业中的任何人都可以基于数据做出决策。为了实现这一目的需要导入BI制品，而导入BI制品需要考虑一些因素。

⊙ 什么是数据可视化

企业内部人员对数据的分析能力各有不同，既有科学分析师这样的专业人才，也有与IT领域并无关联的企业领导或者销售人员。而且即使已经搭建了即席分析环境，能够编写SQL程序的人员也仅仅是少数。虽然总是在讲SQL语言非常简单，但是对于那些只能够完成简单的文本编辑和收发电子邮件的大部分职员和企业负责人而言，编程还是太难了。

■ 企业内的数据分析能力和必要的工具

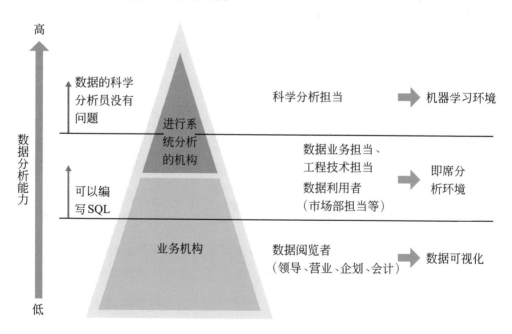

如果希望企业内部员工都可以基于数据做出自己的决策，那么这些人就必须要理解数据的意义。实现这一目的的方法就是数据可视化，通过数据可视化就能够让企业内的员工充分理解数据的意义并据此做出决策。

○ BI制品

如果数据量较小，可以利用表格软件将数据集结后做成报告并通过电子邮件发送给决策者。但是对于大数据，有可能无法被表格软件加载，而且与其发送电子邮件还不如在 Web 上共享报告画面，这样效率更高。

此时就需要 BI（business intelligence）制品了。利用 BI 制品就可以处理大数据，也能做成可以共享报告的 Web 网页。BI 制品可以分为查询型制品和内部 DB 型制品两类。

查询型 BI 制品有 AWS 的 QuickSight 和 GCP 的 Google 数据门户（data portal）等，它们都是作为 Web 应用程序被提供出来，针对在数据仓库中保存的数据发送查询并做成图表。也有很多开源的，例如 Re:dash 和 Metabase 都很有名。如果只是将数据进行图表化并且共享给数据浏览者的话这就足够了。但是一般情况下，在浏览图表的时候会进行查询，而上述制品无法进行高速钻取（drill down）和轴的变化，这是不足之处。

内部 DB 型 BI 制品有 Tableau 公司的 Tableau。Tableau 也非常有名，是主要针对台式机应用程序的 BI 制品。将数据保存到台式机内部的专用数据库中，实现了数据的抽出和集结的高速化。也能够随时改变图表的坐标轴和进行数据的钻取，所以适于寻找数据的最优可视化。这是做成报告的必不可少的功能。这一功能即使查询型 BI 制品可以做到，也会因为响应速度很慢而无法在业务上实际被应用。

■ 查询型的 BI 制品和内部 DB 型的 BI 制品

查询型的 BI 制品

内部DB型的BI制品

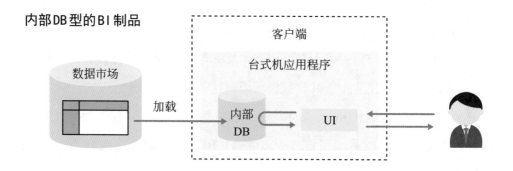

● 导入BI制品时的注意事项

导入BI制品与构筑一般的系统是一样的，首先将BI制品安装到服务器，然后连接数据库和网络并发送账号。到此为止还是简单的，要注意的地方是BI制品如何发送查询。如前所述，BI制品发送查询的效率很低，并且有可能导致数据仓库的计算资源枯竭。

最初要检查的是将要导入的BI制品对数据仓库是否具有调整能力。数据仓库不可能为每一个BI制品提供最适合的SQL，BI制品一定要了解这一点。特别是在数据仓库中对数据进行分割时，BI制品能否正确地指定分割这是非常重要的。如果指定分割不正确，每次就要发送对所有数据的查询，显然这是一个效率极低的处理。

此外还要控制BI制品在什么时间点发送查询。具体而言，内部DB型的BI制品一般要在更新报告时允许发送一次查询，而查询型的BI制品可以在轴的变化和钻取时发送查询。对于内部DB型的BI制品，附加给数据仓库的压力很小，因为它是在BI制品中保存大数据的，所以BI制品本身必须能够进行容量规划（capacity planning）。查询型的BI制品因为要频繁地查询数据仓库，为了不与其他的处理产生冲突，应该分配出BI专用的计算资源。

小结

▫ 数据可视化是为了让不懂SQL编程的人员也能基于数据进行决策。

▫ 内部DB型的BI制品可以快速地进行轴的变化和钻取，能够探索最优的可视化方法。

▫ 在导入BI制品时，要事先掌握BI制品发送查询的特点，这一点非常重要。

7.5 数据应用程序
互联网企业的活用案例

数据应用程序是指将数据分析直接与企业的利润提升相结合的应用程序。现在有很多种数据应用程序，我们以互联网企业的实例作为案例加以介绍。

◎ 以提高销售额为目标的数据应用程序

向客户提供互联网服务的企业是以增加客户的成交数量，进而提高销售额为目标。如下图所示，为了增加成交的数量，就希望能有更多的客户流入到网站中来，而对于这些流入的客户更要想办法让他们完成交易。为此，通过大数据分析对客户的操作记录进行分析，然后向不同的客户发送不同的广告和UI，进而增加交易量。按顺序进行说明。

■ 针对不同的客户发送对应的广告和 UI 以增加交易量

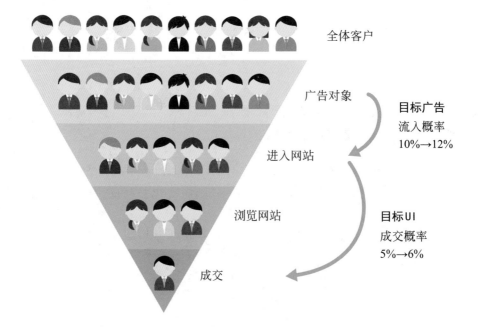

全体客户

广告对象

目标广告
流入概率
10%→12%

进入网站

浏览网站

目标UI
成交概率
5%→6%

成交

目标广告是指在一定的资金和发送广告的限制范围内，召集尽量多的客户浏览网站。首先预测可能让客户产生兴趣的广告，然后对不同客户发出目标广告，进而希望客户在浏览广告之后能够提高访问网站的概率。此外，为了让利用过一次服务的客户再次访问网站，开展优惠活动也是一种有效的活用方式。可以通过电子邮件订阅或者智能手机应用程序推送，当然具体通过哪种方式推送也是基于对客户使用习惯的预测。

目标UI是指为每一个客户提供不同的、易于使用的UI来提高服务的便利性，达到让客户来网站浏览并进一步提高成交率的目标。具体而言就是针对不同客户进行不同商品的推荐，即使不通过检索也能让客户看到喜欢的商品。此外，在检索的时候针对不同的客户而对应调整检索的排列顺序也是提高便利性的方法。还要实时地收集客户的操作信息，当客户购买商品产生犹豫时发送优惠券，以及减少客户的流失，这些也都是不同的数据应用程序实用化的具体内容。

上述的数据应用程序都是在分析了客户的数据后才执行。而对于在数据仓库中保存的客户的属性和操作记录，可以通过人力完成对客户的分割并为分割后的客户提供对应的目标广告和UI，也可以通过机器学习针对每一个客户都发送出不同的目标广告和UI。

⬤ 以降低成本为目标的数据应用程序

作为数据的活用方法，数据应用程序不仅仅是以提高交易量为目标。企业通过提高业务效率，还可以有效降低成本。

例如给不同商品做标记的工作，目前为止企业还是以人工方式操作。如果通过机器学习能够完成预测，就是一个可以提高效率的应用程序。此外，在审阅介绍商品的文字原稿时可以通过机器学习来判断内容的好与坏，这样可以有效减少作业的工时。这与对客户的操作记录进行分析是不同的，它是对商品的数据进行分析。

再举一个稍有不同的例子。Web网站的安全对策团队希望提高对非法访问解析的精度，那么就可以通过分析客户的操作记录来预测是否是非法访问了。

○ 数据应用程序的优先度和资源分配

如上所述，在分析系统中有很多种数据应用程序在运行，因此数据应用程序的优先度和资源分配（quota）至关重要。一定要避免某一个特定的数据应用程序完全占用了数据仓库的计算资源，这将导致其他的数据应用程序要长时间等待。

为此，要设计数据应用程序的优先度，要给优先度高的数据应用程序优先分配数据资源。数据应用程序的优先度是以系统慢下来后哪部分的利润受损最严重来确定的。例如在不动产商品的推荐中，即使系统变慢前一日的数据没有被机器学习作为训练数据而使用，由于客户要购买的不动产也不会是在一天内有所变化，所以对机器学习预测精度的影响是轻微的，不会对企业利润产生大的损失。与此不同，对于非法访问的预测，由于客户最近的操作才是最重要的数据，因此在系统速度变慢期间将无法完成预测，直接导致业务的停止，业务效率化更无从谈起了。

小结

▷ 互联网企业通过目标广告和目标UI实现利润的最大化。

▷ 也有提高企业业务效率的数据应用程序。

▷ 当存在多个数据应用程序时，要设置优先顺序并分配好资源。

第 **8** 章

元数据的管理

到目前为止，已经陆续介绍了数据的收集、积累和活用等内容，就数据本身而言已经很清晰了。但不论是多么好的数据，如果不知道数据的意义和状态也将无法活用。本章介绍对数据的意义和状态的管理，即元数据管理。

8.1 整体概念和静态元数据

元数据管理（前篇）

在数据活用时，对元数据的管理必不可少。本节介绍元数据管理的整体概念。元数据分为静态元数据和动态元数据，本节介绍静态元数据。

● 元数据管理的整体概念

如果不了解数据的意义就无法对数据进行分析。而如果不清楚某一天的数据的状态，就有可能分析的是质量差的数据而导致出现事故。因此，明晰数据的意义和状态是数据分析的前提。

给数据附加的意义和状态信息被称为元数据。

如果能够正确地管理好元数据，就可以保障数据利用者对数据的理解，进而避免使用质量差的数据。

对于元数据管理，如果是规模比较小的业务机构和分析机构，目前还不是非常地必要。这是因为如果分析机构的人员不了解数据的意义和状态，直接询问坐在旁边的业务机构的人就可以了。但是如果规模很大，业务机构和分析机构已经分成了不同的部门，这样分析机构了解数据的意义和状态就会变得困难了。此时就必须要进行元数据管理。

● 互联网企业善于使用元数据

Web 关联企业在数据分析时经常使用元数据。我们将使用说明及用途整理成了下面的表格。

分类	元数据	说明	用途
静态	数据的结构	如何定义数据	防止故障，提高分析效率
	数据字典	数据在商务上的意义	提高分析效率
	数据所有者	该数据的生成者、管理者	提高分析效率
	数据沿袭	该数据从哪里来，到哪里去	调查故障的影响，提高分析效率
	数据安全	该数据对谁可见	防止信息泄露
动态	数据新鲜度	什么时候的数据	防止使用到质量差的数据
	数据完全性	与数据源进行比较，是否有变成不正确数据的情况	防止使用到质量差的数据
	数据统计值	数据的性质是否改变	防止故障，提高分析效率
	数据使用频率	数据的使用程度	数据的整理、盘点

元数据有很多种类，主要分为两类，分别是变化频率较少的静态元数据和每天都在变化的动态元数据。本节介绍静态元数据，下一节介绍动态元数据。

8

元数据的管理

◉ 静态元数据

静态元数据是指变化频率较低的元数据。

数据结构

数据结构是使用数据时必需的信息，它表明了数据是如何被定义的。具体包括每一列的名称和类型，或者是在SQL中的CREATE TABLE内记载的信息等。

数据结构如果变化了，将无法继续使用数据。为了防止出现这种情况，一定要有在数据结构变化前就可以监测的措施。而数据结构又是数据利用者频繁使用的信息，为了让这些信息能够在浏览器上被方便地检索到，要在Web网站上做公开处理。这样的网站被称为数据目录（data catalog）。

数据结构在元数据中具有特别重要的位置，将在第8.3节做详细介绍。

数据字典

数据字典是指那些无法在数据结构中详细指明的在商务方面要表明的数据的意义。例如对某一列规定对应的数值时要有说明：在性别那一列中如果限定常数是0和1，那么在数据字典中就要明确0代表男、1代表女。此外，对数据生成过程的说明、对区分容易混淆的列的说明、对过去和现在的数据意义与范围变化的说明等，这些都要在数据字典中表明出来。

数据字典作为数据目录中的一个组成部分，也要和数据结构一起向数据利用者公开。而且为了便于数据利用者能够方便地编辑数据字典的内容，最好能够具备编辑查询和预览功能，如下图所示。

■ 在 BigQuery 的列的说明栏中记载数据字典的内容

数据所有者

数据所有者是表明该数据由谁来做成并进行管理。当通过数据结构和数据字典仍无法了解数据的意义时，就必须要询问数据所有者。在数据目录中要标明数据所有者的联络方式，便于用户咨询与数据相关的问题。

数据沿袭

单词 linage 具有血统和系列的意义，数据沿袭（data linage）就是表明该数据从哪里来，到哪里去。它的用途有两个，一是当数据发生问题时可以调查它的影响范围，二是调查数据的生成源头。数据沿袭也是非常重要的，在第 8.4 节将详细说明。

数据安全

数据安全表明的信息是谁可以看到什么数据。在数据分析系统中，既包括销售额和客户数量等所有企业员工都可以看到的数据，也包括那些只能被特定人员看到的个人信息和企业秘密信息等数据。对于后者，一定要有安全的访问控制措施，必须要防止信息的泄露，数据安全必须要有保障。

小结

▷ 如果不清楚数据的意义和状态，就无法进行数据分析。

▷ 小规模时可以不需要元数据管理，当业务机构和分析机构被分为不同的部门时就要进行元数据管理了。

▷ 在静态元数据管理中，最重要的是数据结构和数据沿袭。

8.2 动态元数据和元数据管理的实现方法

元数据管理（后篇）

上一节介绍了元数据管理的整体概念和静态元数据。本节在介绍动态元数据的基础上，说明元数据管理的实现方法。

动态元数据

动态元数据是指每天都在更新的元数据。

数据新鲜度

数据新鲜度表明该数据是什么时候的数据。如果是客户的操作记录这种追记型数据，那么数据新鲜度就是数据发生的时间。如果是在预约管理表格中有了更新，那么数据新鲜度就是最后更新的时间。将数据新鲜度向数据利用者公开，有助于防止数据利用者使用过期的、有问题的数据进行分析。数据新鲜度是很重要的，将在第8.5节详细说明。

数据完整性

数据完整性是指在数据收集或加工过程中，通过与数据源进行比较，用来表示数据是否被进行了不正确的变更。不同的数据会有不同的定义，例如在数据收集时数据不能缺损、在生成数据市场时是否是按照规定进行的加工等。将数据完整性向数据利用者公开，有助于防止数据利用者使用错误的、不正确的数据进行分析。

数据统计值

数据统计值是表明数据的性质是否发生变化的值。具体而言包括记录的数量、表的整体体量、1条记录的长度、NULL值的百分比、最大值、最小值、值的分布等。要知道即使数据结构没有变化，数据的统计值也会随着商务的变化而改变。将这一变化记录下来，就会让数据管理者注意到数据的变化情况。例如每天的记录数都在单调增加的一个表格，在某一天突然发现记录数不增加了，就能够怀疑数据的收集工作出现了问题。

此外对于NULL的百分比、最大值、最小值等数值，都是在进行分析之前要确认的项目，这是为了确保提高分析工作的效率。

计算统计值是要对全部数据进行扫描的，因此是一个很繁重的处理。所以在现实中不会每一天都对所有的数据进行各种统计量的计算。在分析时只对那些频繁使用的重要表格进行统计值的计算。

不同的数据利用者所经常使用的表格也不相同，应该能够允许数据利用者在系统中完成统计值的计算。

数据使用频率

数据使用频率是指数据利用者或者数据应用程序在多大程度上使用了该数据。例如数据的被查询次数或者查询的用户数等。

将数据的使用频率积累起来，就可以知道哪些数据未被使用过，这些信息可以用于对数据的整理、盘点。由于数据仓库的容量是有限的，对于那些用不到的数据就可以从数据仓库中删除了，这样可以减少不必要的费用。

◎ 元数据管理的实现方法

在大数据分析行业中，对元数据管理的事例大多并不是在使用制品的时候，而是在自行开发元数据管理应用程序的时候。非常有名的事例就是美国的Netflix公司，该公司自行开发并运行了元数据管理应用程序，安装了这里介绍的几乎全部的元数据管理功能。

另一方面，现在也有很多元数据管理制品。但是很多企业都不使用这些制品，而是自行开发，这是为什么呢？依我个人认为，之前在企业中的数据分析基本都是对应数据量较小的数据库或者RDB。这样就可以活用已有的商用制品。但是对于大数据分析，数据量非常大并且元数据的计算也要用到分布式处理。此外，为了处理非结构化数据，只能使用RDB制品。基于以上原因，现有的制品无法很好地满足要求，所以只能是自行开发。

由于目前还没有满足要求的大数据分析制品，很多企业都是在自行开发，但是今后肯定会有合适的制品出现。在这里介绍一款已经发布的大数据分析用的元数据管理制品，GCP的Data Catalog（2019年5月时是β版）。这是元数据管理服务，可以从BigQuery或GCS这些数据源收集元数据，主要是实现数据结构管理和数据安全管理。今后像Data Catalog这样的面向大数据分析和云服务的元数据管理服务将会越来越多。

◎ 数据管理知识体系DMBOK

本书只介绍元数据管理和在Web市场的分析系统中经常用到的管理方法。元数据管理一般都是数据管理中的一环，关于数据管理已经有了很多的研究。

其中，这里要介绍的是著名的作为数据管理知识体系的DMBOK（data management body of knowledge）。BMDOK第一版为整体的数据治理（data governance）定义了9个项目。对其他的元数据和数据管理感兴趣的读者可以参阅DMBOK的书籍。

■ DMBOK 第一版中的数据治理管理项目

	项目
1	数据结构管理
2	数据开发
3	数据操作管理
4	数据安全管理
5	参考数据和主数据管理

	项目
6	数据仓库和商务智能管理
7	文档和内容管理
8	元数据管理
9	数据质量管理

小结

▷ 在动态元数据中，数据新鲜度特别重要。

▷ 在大数据分析行业中，是以自行开发元数据管理为主流的，今后将面向云端服务发展。

▷ 这里介绍的元数据管理是数据管理的一部分，希望把据整体时可以参阅DMBOK。

8.3 数据结构管理
如何定义数据

数据结构是一种元数据，它描述了如何定义该数据。数据结构管理有两个目的，分别是提高数据的调查使用效率，以及防止数据结构变化而产生问题。

● 数据结构管理

数据结构管理就是管理数据的结构，它是可以通过数据仓库的CREATE TABLE指定的项目。具体而言，包括表名称、列名称、列的类型这些必需项，以及对表的说明、对列的说明、主键、外部键值、对列选项指定常数等可选项。

数据结构管理有两个目的。

一是提高数据的调查使用效率。数据结构是使用数据时的必要信息，要在Web网站等任何人都可以方便访问的地方公开，也要让数据利用者能够方便地进行查询。这一系统被称为数据目录。

二是监测数据结构的变化。数据结构变化后会出现数据无法被使用的问题，因此一定要监测数据结构是否发生了变化，要防患于未然。

以下详细说明这两点。

● 数据目录

如上所述，要将数据结构放置于Web网站等公开场所并且可以被检索到，我们称之为数据目录。完善数据目录将有益于提高分析业务的效率。

在进行数据分析时，必须要确认数据结构。我们可以向数据仓库发布

SHOW CREATE TABLE 的 SQL 来进行调查确认，但是工作效率较低。特别是当业务负责人与数据活用技术人员进行协商时，实际上都是在一边看着表结构一边进行协商，因此如果每次都需要向数据仓库发出查询请求，这样的协商将会非常耗时。

为了能够让数据利用者随时都可以确认数据结构，就要将数据目录进行公开。这样就可以在协商的时候非常方便地观看数据目录。下图展现的是数据目录是否公开对数据利用者的影响。

■ 是否发布数据目录将影响数据结构的调查

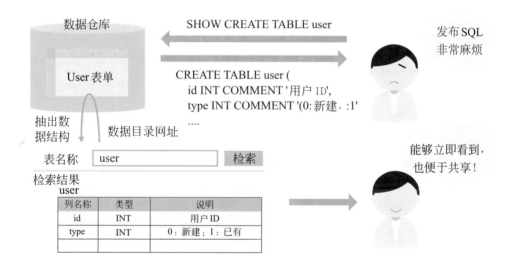

在这里要注意一点，就是数据目录为表格设计了识别每一列的 URL。因此在谈及数据的时候可以基于 URL 来进行。例如在向数据所有者询问某一列的内容时，可以这样提问："请问如何计算数据目录中的这一列（http://xxxx/yyy）？"这样就不会让数据所有者产生误会，进而能够快速、正确地解答问题。

此外，由于表名称、列名称、列类型等这些必需项提供的信息量还是较少，因此还要加入对表的说明、对列的说明等使用规则，这样就容易理解数据并可以提高工作效率。还要提供能够全文检索这些说明材料的接口，这样便于数据利用者通过自然语言来检索数据的说明文档。

○ 数据目录的负责人

如果能够通过自然语言来检索数据，那将是非常便利的，但是很难在现场简单地实现。这是因为对数据进行说明的执行规则很难实现。加入数据说明应该是在生成数据的业务系统这边，但是业务系统这边的人员无法按照分析系统那边需要的格式进行说明。因此，即使有了数据目录，也很难将数据说明加入进去，仍然是无法理解数据。

要想打破这种局面，如下图所示，就要让数据目录的负责人进驻到企业。数据目录的负责人隶属于业务机构，负责编写对数据的说明。

■ 数据目录负责人

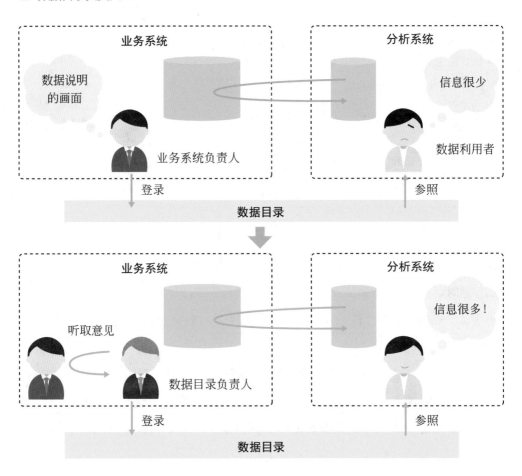

● 监测数据结构的变化

数据结构管理不仅是针对数据目录，还包括监测数据结构的变化这样重要的管理项目。具体而言就是通过与业务系统这边的协调来进行数据结构变更管理，要监测数据结构是否变化，防患于未然。

如果没有监测到数据结构的变化，会产生什么后果呢？数据结构的变化有可能对数据的收集，以及其后的数据市场的生成和数据活用产生重要的影响。如果仅仅是增加了一列，那么不使用这一列的话将对现有的处理过程影响不大。但是如果是变更或者删除了一列，那么正在使用该列的SQL将无法继续工作而使系统产生故障。在即席分析业务中，如果正在进行分析的SQL无法工作将导致业务停止。而在数据可视化过程中将无法生成报告，进而无法完成决策。如果是数据应用程序，应用程序发生故障的最坏结果将是直接影响企业的利润。

因此一定要在事前把握住数据结构的变化，并与业务系统人员一起有计划地应对处理。业务系统与分析系统之间要有相互通知数据变更的功能。

● 监测数据结构变化的实现方法

对于数据结构管理，应该是搭建业务系统的负责人和分析系统的使用者两方都能访问的 Web 网址，业务系统负责人在登录数据结构的变化后，分析系统的使用者能够看到。这是我们希望数据结构管理应该具有的功能。

但是现在的企业中，一般都是业务系统优先于分析系统，让业务系统负责人每次都按时登录数据结构的变化是困难的。此时就要让对方告知业务系统的数据定义文档所存放的位置，要解析该文档并且抽出数据结构。利用这种方法可以不增加业务系统负责人的工作量，而且能够监测到数据结构的变化。但是这种方法也存在问题，例如忘记了文本的更新，或者紧急发布新版本等，大多是文档方面的问题。如果确实是要将故障阻止在发生之前，那就应该有强制业务系统负责人完成登录的措施。

■ 数据结构变更的登录方法

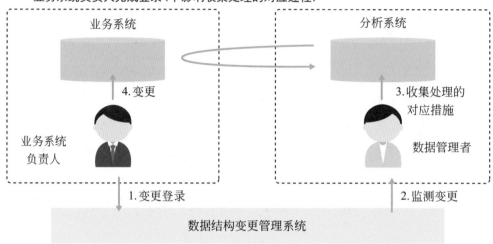

业务系统负责人完成登录（不影响收集处理的对应过程）

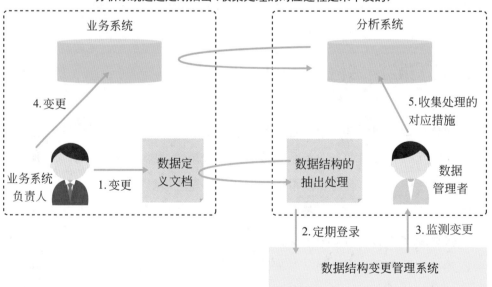

分析系统这边定期抽出（收集处理的对应过程是来不及的）

◎ 数据目录和数据结构变更管理系统

　　数据目录和数据结构变更管理系统从它们的数据结构是与其他部分共有这一点上看是相同的，但是通过前面的介绍可以看出它们的用途不同。而且用于服务的级别也不同。如果数据目录系统有短暂停止，也只是影响了数据利用者调查数据的时间，并不会对业务产生很大的影响。而一旦数据结构更新系统停止了，最坏的结果将是无法应对数据结构的变化，进而导致系统的故障。

　　因为访问的元数据是一样的，所以这两个系统可以放置于同一个 Web 网站，但是不要忘记它们的不同之处，这样才能顺利地进行开发利用。

小结

- ▣ 将数据结构公开并放置于能够检索的网站就成为了数据目录，可以提高数据的调查使用效率。
- ▣ 如果需要对数据目录中数据的说明进行扩充，需要专门的负责人来操作。
- ▣ 数据变更管理系统可以防止故障发生，最好是由业务系统的负责人完成登录。

8.4 数据沿袭管理
数据从何而来，又去往何处

数据是在业务系统中产生，那么一直到被活用的过程中数据是如何移动的？追踪这一过程被称为数据的沿袭（linage）。本节说明管理数据沿袭的重要性。

◎ 不管理数据沿袭的后果

"这个数据是从哪里来的？""这个数据要到哪里去？"，如果不能回答这些问题会产生什么后果呢？

首先，如果无法回答"这个数据是从哪里来的？"，如何去处理呢？我们举一个例子，客户提出有两个报告的数值不一致，指出这两个报告的页面视图数不一样。此时就要通过数据沿袭管理来回复这个问题。如下图所示，数据沿袭管理将通过Web服务器的访问记录来集结报告1，再通过浏览器内置的JavaScript的记录来集结报告2，从这两个报告去查找原因。

■ 通过数据沿袭管理来调查源数据

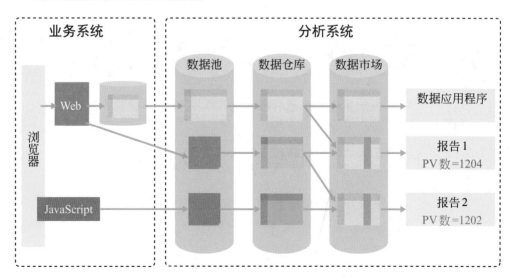

其次，如果无法回答"这个数据要到哪里去？"，如何去处理呢？我们再举一个例子，就是调查在数据收集时发生故障造成的影响。在业务系统进行维护时，或者突然的数据结构变更等情况下，经常会造成数据收集的失败。此时要调查对业务将会产生多大程度的影响，这时就必须要知道数据去了哪里。要想了解问题数据的来龙去脉，就要查阅每周更新的报告，一般情况下应该在第二天修复好系统。

■ 通过数据沿袭管理来调查影响范围

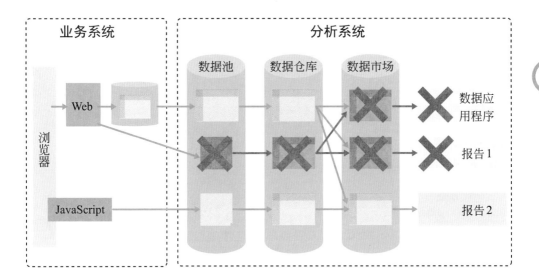

因此数据沿袭管理是必要的。在现场针对第二种故障，一般情况下是首先启动数据沿袭管理，利用它的结果和报告说明等资料来推进调查的前进方向。

● 数据沿袭管理的实现方法

在数据仓库制品中，也有数据沿袭管理制品。例如Cloudera公司的Cloudera Navigator，通过解析一连贯的处理过程，它可以追溯到是哪些数据生成了其他的数据。

然而并不是通过一个数据仓库就能完成分析业务的。业务系统是在数据仓库的外侧，从数据仓库提取的数据还要进行机器学习等各种处理。

此时在现场要准备好自行开发的数据沿袭管理系统。具体而言就是对整体的数据生成处理过程，数据沿袭管理系统要登录哪些是输入数据、哪些是输出数据。

■ 数据的生成处理要登录沿袭信息

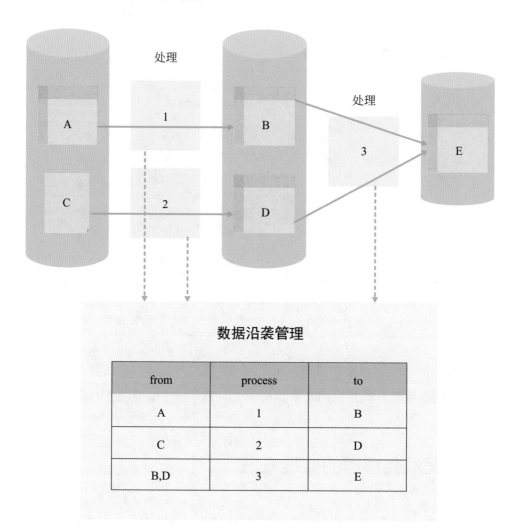

数据沿袭管理

from	process	to
A	1	B
C	2	D
B,D	3	E

如果能够与后面将要详细说明的数据新鲜度管理系统结合到一起，就可以将信息聚合起来形成一个使用方便的系统。

■ Cloudera Navigator 的沿袭功能

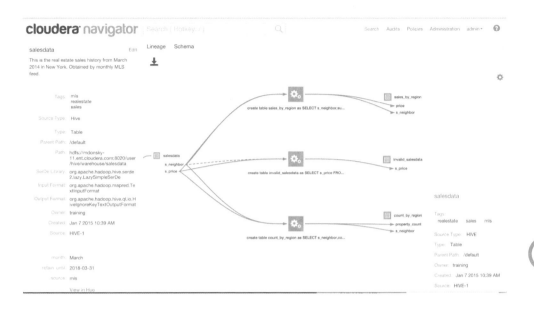

✏️ **小结**

▶ 知道了数据从何处来，就能够确定数据的源头。

▶ 知道了数据到何处去，就能够调查发生故障时产生的影响。

▶ 对于现有的数据沿袭管理制品无法解决的问题，可以通过自行开发沿袭管理系统来解决。

8.5 数据新鲜度的管理
表明这是什么时候的数据

如果没有数据新鲜度的管理，就有可能误用旧的数据进行决策，或者是数据应用程序无法产生效果而导致利润受损。一定要做好数据新鲜度的管理，防患于未然。

◎ 没有进行数据新鲜度管理而导致的事故

下面介绍如果没有导入数据新鲜度管理，可能会出现什么事故。

首先是商品推荐系统的例子。在基于客户的操作数据向客户推荐商品时，近期的操作才是最重要的推荐依据。所以如果数据的新鲜度较低，在推荐商品时就会降低预测精度，从而导致商品推荐系统的效果较差。

此外还有营销电子邮件的问题。客户是可以自由选择是否读取营销电子邮件的，如果拒绝读取的话被称为选择退出（opt out）。应该通过表格来管理这些选择退出的数据，但是如果没有关注到这些数据的新鲜度而做出邮件发送目标客户列表的话，就有可能向不该推送的客户发送邮件，进而有可能导致低评价或者客户的流失。

在数据可视化时数据新鲜度也非常重要。例如每周的周初都会基于上一周的销售额确定本周的营业活动计划。此时如果数据的新鲜度劣化，上周只有周一到周五的数据进入了报告，就无法进行本周的计划（没有最近的周末两天的数据）。如果注意到了数据新鲜度的劣化还好，但是如果没有注意到数据新鲜度的劣化而主观地认为是上周的销售额降低了，一定会做出错误的本周营业活动计划。

数据新鲜度的定义

数据的新鲜度表示的是产生数据的时间点，与定义数据的种类是同等重要的。如果按照时间序列追加的数据有更新，那么数据新鲜度也要随之改变。

如果只是将收集数据的时间序列追加到表格中，那么直接使用数据采集时的时间戳就可以了。

需要注意的是在收集的数据中有更新的情况。在将更新的时间保存到数据后，最新的更新时间就成为了数据的新鲜度。如果与业务系统没有协调好而导致无法将更新时间记录到数据中，就一定要通过其他方式将最终更新时间收集好。例如可以在事业系统中放置更新履历表格，将其数值作为数据新鲜度。如果这个都无法做到，那就只能将收集数据的时间作为数据新鲜度了。但是这样做会产生一个问题，就是即使数据源没有改变，也会随着数据收集时间的不同而导致数据新鲜度的不同。

数据新鲜度的传递和重新定义

如果将数据的收集时间定义为数据新鲜度，那么也可以这样定义数据池中数据的新鲜度。对于后续的数据仓库和数据市场以及数据活用时的数据可视化和数据应用程序，数据的新鲜度必须能够正确地传递下去。这就是数据新鲜度的传递和重新定义。

数据从数据池中经过一次加工后保存到数据仓库时，原始数据和输出数据是一一对应的，所以可以将原始数据的数据新鲜度直接传递给输出数据。另一方面，将数据仓库中的多个表格做成数据市场时，必须将多个数据新鲜度信息集结起来，针对数据市场的目的对数据新鲜度进行重新定义。

■ 数据新鲜度的传递与重新定义

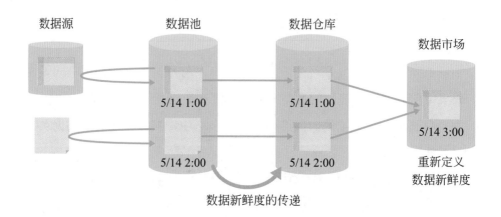

数据新鲜度的传递

○ 数据新鲜度的记录

　　记录数据新鲜度有两种方式，分别为嵌入方式和外部管理方式。嵌入方式是指在表格中增加一列用来记录数据新鲜度。外部管理方式是通过开发的数据新鲜度管理系统，在分析系统中如有数据变化时就完成数据新鲜度的登录。具体而言，就是在数据收集、一次加工、数据市场生成时将生成数据的数据新鲜度登录到数据新鲜度管理系统中。在外部管理方式中，因为数据本身和元数据被放置在不同的地方，它们如果不能保证被协同地更新，就可能造成数据与新鲜度的脱节。例如数据收集完毕之后如果登录新鲜度失败，而被收集的数据又不能溯源的话，数据与新鲜度就肯定不一致。

　　因此使用外部管理方式会有很多不方便之处，但是在实际的业务现场外部管理方式却多于嵌入方式。原因就是数据新鲜度的管理大多应用于分析系统的后半段。本书前面提到，开发数据分析系统时是从小规模开始的，所以开始的时候可能没有注意到数据新鲜度。随着系统变大、变复杂，数据新鲜度的重要性逐渐显现出来，此时如果再想将数据新鲜度嵌入到数据之中，这种改变所需的费用是非常巨大的，以至于很难实现。

■ 记录数据新鲜度

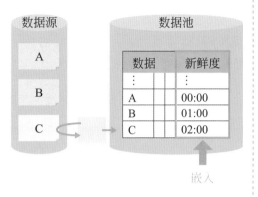

嵌入方式

数据源

数据池

数据		新鲜度	
⋮		⋮	
A		00:00	
B		01:00	
C		02:00	

嵌入

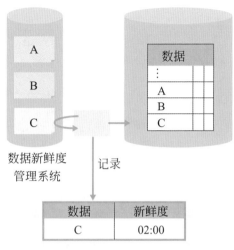

外部管理方式

数据		
⋮		
A		
B		
C		

数据新鲜度
管理系统

记录

数据	新鲜度
C	02:00

8

元数据的管理

✏️ **小结**

▣ 数据新鲜度的劣化将会导致损失利润和错误决策。

▣ 定义有更新的数据的新鲜度比较困难，需要与业务系统协调。

▣ 记录数据新鲜度的嵌入方式比较理想，但实际更多的是采用外部管理方式。

后 记

本书是否给您带来了帮助？虽然书中讲了很多细节，但是更希望您理解的是在寄希望于通过开发大数据分析系统来进行决策和提高利润时要考虑方方面面。因此，工程技术人员的工作非常重要。

本书是基于我工作过的两个互联网公司以及自己作为顾问时的经验总结而成的。在实际现场，既有数据科学分析这样"高科技"的工作，也有必须要埋头处理的数据准备工作和系统运行时的技术工作。而后者这类工程技术人员是严重不足的。数据科学家是认识到其价值的优秀学生所期望的职业，但是数据工程师这一职业的重要性还应该被更多的人认识到。

从本书开始执笔的2019年情况正在一点点改变。跨越了机器学习的热潮，人们现在更着眼于如何将其系统化后进行实际的应用。关于数据的准备和机器学习实用化方面的演讲与论文逐渐增多，致力于该领域的制品也越来越多。9月份在纽约举办了ML Ops（机器学习的运用）相关的会议。数据工程师这一职业正在被越来越多的人认可。

希望通过本书能够让大家认识到工程技术人员的重要性，尽可能多地开发出通过数据进行决策和提高利润的实际的大数据分析系统。

最后，感谢审阅本书的关根嵩之和佐伯嘉康，也感谢邀请我编写本书的矢野俊博。